56道融入老台菜技法的減醣佳餚，
輕鬆打造日日豐盛餐桌

黃婉玲的減醣家常菜

黃婉玲——著

前言

餐桌上的平等與滿足

當年我結婚後，公公待我如女，我們的感情頗好。公公飽受糖尿病之苦多年，婆婆出於關愛之情，對他的飲食總是嚴格把關，雖然是一番美意，卻讓熱愛美食的公公常常望著餐桌上的美食興嘆「生命中的美食區塊不見了」，沒事就騎腳踏車出門，大家都猜測他應該是出門偷偷覓食去了。

那時我工作忙碌，一星期只回公婆家探望一次，但我的做菜速度很快，總能在餐桌上擺出琳瑯滿目的七、八道菜，讓公公吃個過癮。後來才知道每次看到我回家是公公最快樂的事，因為又能一飽口福。

然而，酷愛米飯的公公面對滿桌料理，總要吃兩碗白米飯才過癮，血糖飆得更高了。偏偏糖尿病患者不能攝取太多澱粉，這個鐵律似乎成了許多美食主義者的共同困擾。

為了體驗公公得戒掉每餐吃兩碗白米飯的心情，喜歡吃白米飯的我同樣刻意減量攝取，心想，倘若愛吃白飯的我都能戒掉澱粉，公公應該也戒得掉吧！

那時每次吃飯，我就不斷灌輸自己「白飯是萬惡根源」，碗裡只盛一小口白飯。無奈面對豐富的菜餚，一小口白飯很快就吃光，只能吃配菜，腦海裡不斷浮出「再來口白飯吧」的呼喚，愈想戒愈戒不了。如此連續一星期後，白飯量悄悄增到七分滿。

我感覺這樣不是辦法，轉而把菜的口味做淡一點、繽紛一點，吃飯時先吃菜再吃白飯，果然成功。

我找公公商量，每次回去都做十道菜讓他吃個過癮，但必須先把菜吃完才能吃白飯。剛開始他不習慣，總是一口菜配一大口白飯，因為「沒有白米飯，用餐就不完美」，好像白飯與滿足感畫上等號。

但我堅持不妥協，加上十道菜光看就無比豐盛，公公一個人根本也吃不完十道菜，如此既能和全家人一起享用，也滿足了公公的口腹之欲。慢慢地，每逢我回家，公公一餐只吃半碗飯就夠了。可是其他日子仍是一餐兩碗白米飯的量，飯後還吃大量水果，飲食完全沒有節制。

婆婆每次陪公公到醫院看診，醫護人員聽了公公的飲食習慣也很無奈。婆婆還向我抱怨公公不但平日飲食不正常，還不按時服藥，甚至認為每天服藥太麻煩，會把藥藏起來，只因為他自認糖尿病就是個名詞，從不認真對待，有時候還突發奇想，飯菜吃多了就自行加藥。儘管我喜歡做菜，和公公的感情也好，仍然很難勸他養成正確的糖尿病治療觀念。

後來，婆婆愈發嚴格管制公公的飲食，餐桌上只給一份食物，這讓看到其他家人毫無約束吃飯的公公反彈更嚴重了，甚至說「得了糖尿病又不是判死刑，什麼都不能吃」。

婆婆和公公的關係隨著血糖指數的增高日益僵硬，每次回公婆家都彷彿踏進「戰場」。最後，婆婆乾脆不讓我做菜，用鐵鍊鎖住公公的腳踏車，希望他按照營養師指示吃自己那一份飯菜就好。公公一個人落寞又無趣地板著臉用餐，眼睛飄向桌上的料理卻無法和家人一起享用，我再也看不到公公的笑臉。

另一方面，為了「公平」起見，本來就不重視廚藝的婆婆做菜時盡量清淡。一碟燙小白菜、一碟燙高麗菜、一碟沒什麼味道的醬燒豆腐、一尾清蒸魚上面只擺幾根薑絲，連我看了都沒什麼食欲，可是公公連這些不好吃的東西都沒份，原本餐桌上應有的喜悅和歡樂不再。

其實那時的公公身體還好，只是指數不漂亮，所以有時他會生氣，自行外出覓食。這一覓食不得了，由於對飲食的不滿足，反而成了大胃王，病情也更惡化。可見一味禁止，並不是好方法。

一位認識多年的朋友四十多歲時就檢查出罹患糖尿病，美食主義者的他同時是個大胃王，有一天他堅決告訴我：「最近我開始重視糖尿病了喔！」我好奇詢問，他略帶驕傲地說：「現在我早餐只吃兩碗肉臊飯配兩塊油豆腐、一碗虱目魚肚湯、一盤乾魚皮，比以前少了很多！」

他還說自己也有苦衷，因為家人限制他一天只能吃三餐，不能吃零食，而且午、晚餐都在家吃，但家人為他準備的水煮食物一點都不好吃，一想到家中飲食的乏味，唯一可以外食的早餐當然要好好吃自己喜歡的，出現彌補心態。

這讓我意識到，朋友要的是「滿足感」，把胃撐得飽飽的才會快樂，朋友所說的是他領悟糖尿病問題之後的節制吃法。當然，朋友口中的「節制」，我想營養師一定大搖其頭。

無獨有偶，好友為了照顧罹患糖尿病的弟弟，天天花費心思構思菜單，嚴格控管弟弟的飲食，卻因做菜技法缺乏變化，餐桌顯得相當平淡，弟弟儘管體認到是姊姊的愛心，耐心吃完，久了同樣顯露不耐。

鄰居也曾向我抱怨「得了糖尿病，人生簡直被毀」，要不斷運動，飲食要被限制，吃的都是沒有變化的菜色，慨嘆「為了顧身體而捨棄美食，人生變黑白，一點都不快樂」！

種種現象一直在我腦海中盤旋，思考「糖尿病真的這麼可怕，什麼都不能吃嗎？」。倘若糖尿病患者能夠和家人輕鬆地吃，再配合藥物控制，應該行得通吧？如果能做出一些好吃又有營養的料理，讓全家人陪著糖尿病患者一起吃，讓餐桌上不再充滿壓力和緊繃，而是平等與歡樂，不再因過度的關愛變成對立，那該多好！

我這幾年推展老台菜，提倡飲食復興運動，主張讓飲食技法回歸過往，以食物自身滋味互相撞擊產生美味，取代如今多鹽、多油、多糖，以調味料為主的手法，希望能引領大家重返昔日「重視原味，減少調味料」的烹調方式。

這本食譜就是希望以老台菜的邏輯製作適合日常的美味家常菜，用當代食材製造每一天的美味，吃的是組合而非單一食材，飲食就能繽紛、多元、美味。

食材都有自己的味道，過度調味反而會失去原味。

吃穀物長大的熟齡大豬，單切肉片川燙就略帶微微的鹹甜味；養得好的雞做成白斬雞，肉片就有滋味，不必過度沾醬。

我曾因一時好奇，買了外表較差、價格便宜的空心菜，心想「只是一把蔬菜而已，應該沒什麼差異！」，想不到菜炒好後滋潤度不足，口感不佳，必須加大量油下鍋炒，一點也不健康，而且完全不是快炒後青翠多汁，深受家人喜愛的空心菜。同樣道理，選取好部位的豬肉，除了肉質比較軟嫩，品嘗起來也不會覺得柴。

我認為要做出受歡迎的菜沒什麼祕訣，最重要的是挑選好的食材，因為好食材本身就可以表現出自己的味道，所以寧可多花一點錢買優質食材。

例如我在教室做鮑魚干貝雞粥，因為各種食材充足，高湯熬得又好，完全不加調味料做出來的雞粥就大受歡迎，只有重口味的人會嫌不夠鹹，但這時只要加點白胡椒粉就可以提味了。有些人可能不知道，白胡椒粉加多了會有點鹹味，醋加多了也會略帶甜味與鹹味。

◇ ◇ ◇

老台菜吃起來感覺滋味繽紛充足，卻又很輕鬆、沒負擔，因為吃的都是食材原味撞擊出來的味道，講究的是融合、是溫柔婉約，也是養生的飲食，主張少油、少鹽、少糖。

特別值得一提的是，老台菜的甜味大多來自甘草水。早年老師傅喜歡用甘草片煮一壺甘草水，略帶甘甜，做菜時加入甘草水就不用加太多砂糖，砂糖加多了會有甜膩感，並不好吃。

曾幾何時，現代人對台菜的認識都走了樣，以為是多油、多鹽、酸味強。事實上我向老師傅學習老台菜時，他們說當年農家豐收或過年才殺豬，爆出來的豬油會收藏起來，省著用，料理時油的使用量很少。

當年每戶人家家境不同，有錢人家多殺幾頭豬不成問題，家裡能用的油也比較充裕，生活拮据的家庭一年大概只能殺一頭豬，豬油不省點用都不行，經濟更差的家庭甚至連殺豬的能力都沒有，想要豬油更不容易。

我的朋友阿桂就說，小時候住山區，環境不好，每天要蒐集鄰近的餿菜、地瓜葉、菜梗等熬煮餵養家裡那幾頭豬，總盼望著年底能留下一頭豬自己宰殺，吃吃豬肉的味道，偏偏山區農作收成不豐碩，生活非常拮据，連買鹽、醬油都要向雜貨店賒帳，哪有可能留下一頭豬自己吃，炒菜根本沒油可加。

又好比現在很多人習慣在熱鍋裡加油爆炒蒜頭，但老台菜有時在冷鍋加一點油就直接放入蒜末，以小火煨爆，油用得不多，味道卻很香，這主要就是用一點水取代部分的油。早年生活不易，食材取得不若現在方便，豬隻養大宰殺之後炸出的一鍋油可能要用很久，必須省著用，卻也因此創造出更養生的做菜方法。

至於哪些時候要熱鍋加油，哪些時候冷鍋爆，剛開始我一頭霧水，最後才體會到，倘若想要蒜味濃一點就冷鍋爆，蒜味平淡些就熱鍋爆，所需要的味道濃淡度是決定熱鍋或冷鍋的關鍵。箇中轉換非常有趣，做菜的人在每一次不同的轉換中聞到濃、淡的蒜香味，幾次之後就能拿捏到其中訣竅了。

我總認為食物的元素愈多，做出來的菜餚口味愈繽紛。

我的做菜經驗是，一道簡單的炒青菜，要獲得掌聲並不容易，如果單用蒜頭炒高麗菜，做法簡單，惜元素不多，家人喜歡吃的機率就不會高，但如果加了黑木耳絲、紅蘿蔔絲、豆皮絲和一點蝦米，就有五種元素了，元素一多味道自然繽紛，很容易就被吃光光。

主婦大可把上菜市場視為樂趣。我每次上菜市場會先挑第一眼看上的蔬菜，再開始思索可以加哪些東西讓這道菜變得更繽紛。

有一次我買青菜時，菜販發現我買菜很沒邏輯，端上桌的菜餚一定不會受家人歡迎，「因為不會配菜」，便熱心教我如何配菜，剩下來的菜要如何組合又不浪費，就這樣常常交換經驗，成了至交好友。

很多菜販其實都是做菜高手。某次我問另一位菜販，茭白筍炒肉絲吃久了覺得膩，該如何變化？她教我買一大朵黑木耳回家切絲，配一點蝦仁。沒想到賣蝦仁的攤販告訴我不要用蝦仁，否則味道雖足，口感卻不佳，變成了小菜，建議我改買白蝦。結果當天的餐桌上，這道菜成了我家一道大菜，大受歡迎，後來我宴客也經常出這道菜。

又好比我為了煮豆仔粥買了長豆，但對乾炒長豆這類料理沒什麼感覺，轉頭看到雜貨店裡賣素食的醃漬辣豆干，靈機一動，把這兩樣食材組合起來，再加一點醬油悶燒，這道菜就因為多了辣豆干的調和被全家人很快一掃而空，讓我突發的靈感獲得了肯定。

這些經驗讓我領悟，逛菜市場就像在腦力激盪，總是會變出很多新菜色。

店家的經驗則讓我體驗到，青菜料理最講究的是變化，變化若掌握得好，大家自然而然會喜歡吃青菜。

比如我喜歡去台南老字號「福泰飯桌」點菜，店內的炒青菜總是一上桌就被客人夾光，廚房不斷炒出不同的青菜，照樣再度秒殺，來晚了還沒得買。

有一次我和掌杓的小老闆聊天，他提到青菜好吃的祕訣就是大火快炒，且用黃酒取代米酒來提味；有時候爆肉油渣，把切碎的肉油渣加入青菜裡；有時候加豆豉或白豆豉，讓青菜變得一點都不「青菜」，而是連小細節都講究。配菜做得好，主菜自然賣得好。

「竹海產」的炒青菜又是另一番風味。一道簡單的空心菜加點沙茶粉，變成意外的繽紛，口味特殊。老闆說民國四、五十年開始有沙茶粉，他剛開始買了也不知道如何運用，就拿來炒青菜試試看，竟然獲得好評。老闆試著炒空心菜、油菜、波菜都很搭，也發現並非每道菜都可以加沙茶粉，有些加了味道反而變差。

前些年外子出現糖尿病症狀時，有了公公的經驗，我要求他盡量不要外食，三餐由我來料理。可是外子在外工作，有時連晚餐都在外面解決，應酬更是難免，這好意讓他有些為難，一再強調「我都盡量挑青菜吃」。可是，餐廳提供的青菜為了外表油亮青翠，總會加入太多油，只吃青菜也不健康，況且自我節制飲食並不容易。

幾經溝通，最後外子妥協，由當時較多空閒的我做便當送給他吃。我則以琳瑯滿目的菜色吸引他的食欲。剛開始他抱怨「菜別擺那麼多，都看不到飯了」，一段時間後便當盒帶回來常剩下白飯，「菜吃完就吃不下飯了」。先生的同事還笑說「這哪裡是減肥餐，種類多變又美味的菜餚，根本是大餐啊」！

順理成章，我在便當底層鋪的白飯愈來愈少，菜色則以多變化欺騙外子的味蕾，用精湛的手藝和外子打心理戰。每次拿便當給外子，他總是喜孜孜的；晚上洗便當盒時看到裡面剩下的白飯，我的內心則十分雀躍，問外子是否還吃水果，他竟然說「今天吃了七、八道菜很滿足，再吃水果就多了」。血糖指數在醫師的藥物控制配合下，也變得漂亮起來。

◇ ◇ ◇

我認為餐桌上的美食，不應該是糖尿病的絕緣體；餐桌上的平等與滿足，是糖尿病患者應該得到的權利。如果吃得太平淡無味，其實也算是一種輕微的折磨，如果能化腐朽為神奇，透過巧妙的組合讓每一餐都變得繽紛、可期待，能夠節制飲食，糖尿病患者也不會和美食絕緣，對患者和家人都是福音。

另一方面，我想分享的也不只是書中介紹的五十六道菜，更不侷限於糖尿病患者，大人、小孩，統統都適合。我希望能拋磚引玉，把老台菜的技法融入家常菜。

只要讀者朋友能融會貫通，不以敷衍的態度面對家常菜，而是以對食材的熱愛做多元的組合，共同在餐桌上尋求一個平等、共享的每一刻，甚至從中獲得靈感，創作出更多佳餚，不但能獲得家人的肯定，也能體驗創造過程的美麗，全家共享餐桌上的歡樂。

謹以這五十六道菜，邀請大家一起投入餐桌上的改變，追尋餐桌上的平等，平時就建立起健康的觀念。吃得健康，生活就快樂。

目錄

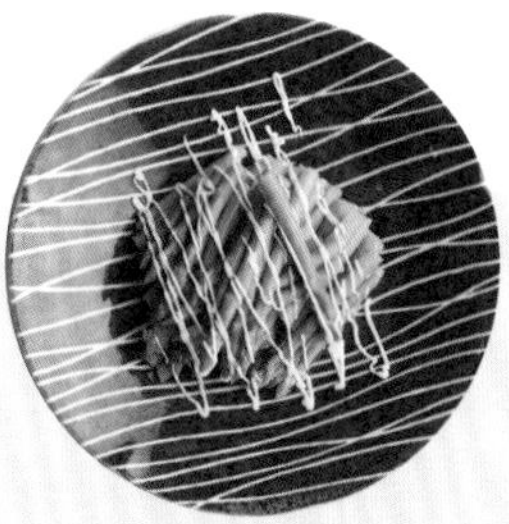

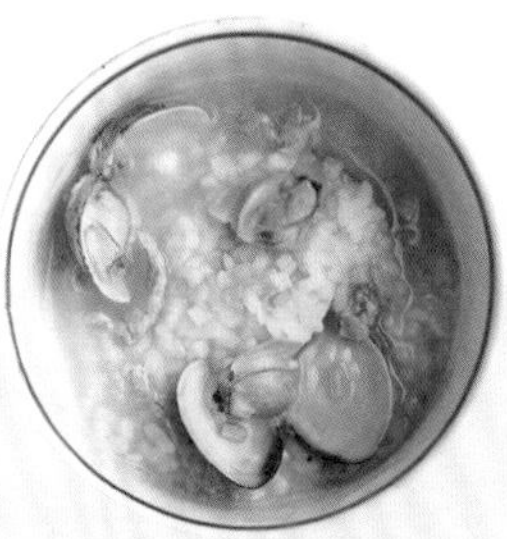

肉類料理

海鮮料理

蔬食

蛋與豆腐

甜食

面對炎熱的天氣，很多人食欲不佳，老祖先早有因應措施，在夏天的食物上做了很多變化。

在那沒有冰箱的時代若想吃冰涼食物，便把蔬菜煮熟後泡水降溫，有時也將菜餚放入水桶，再用繩子綁住水桶，垂放入井水中隔桶降溫，吃飯時才撈出來。放入水井降溫時要注意不能放得太深，否則水會浸入水桶裡，菜餚就壞了。

早年最流行的涼菜是水煮茄子、四季豆、韭菜，這些蔬菜煮完後泡著涼水，讓它變涼，想吃時沾點蒜頭醬油便是一道美味的涼菜。那年代可沒有美乃滋或千島醬，想沾醬幾乎都是沾蒜頭醬油。

涼拌菜的特色是保持食材原味，沒有太複雜的醬料調製，沾蒜頭醬油吃就很可口。涼拌菜通常會煮得比較爛，即使牙口不好的人也容易咀嚼。

菜餚的變化是一門大藝術，只要稍花心思，就可以讓家裡的餐桌菜色變得更繽紛，炎炎夏日來點清淡的涼拌菜，既可增加食欲又很爽口，擺放在適當的餐盤裡，還有上餐廳用餐的感覺。

涼拌小品

隨著冰箱的出現，如今我們可以更輕鬆地做出更多、更繽紛的涼拌菜。有空時準備起來，用餐時取出即可上桌，不會太匆忙，能夠悠閒做菜，很適合成為夏天居家常備菜餚。

這裡介紹的幾道涼拌菜，食材價格不貴，容易取得，製作技巧也不難，主婦在家可以輕鬆下廚，和家人一起享用沒有負擔的菜餚，尤其道道口味誘人，能讓不愛吃蔬菜的人同樣開心享用。

涼｜拌｜蘆｜筍

我到菜市場買菜時，若看到蘆筍一定會先買，因為用蘆筍做涼拌菜實在沁涼可口，纖維也多。

提早挑選與購買後，我會拜託菜販用刨刀刨掉蘆筍莖部的粗硬外皮，等我從其他店家買妥其他食材後再回頭拿取，既不浪費時間，也可減少做菜的準備手續。刨掉蘆筍外皮可以讓口感更柔順。

如果自己動手，反方向握著蘆筍，輕輕刨掉莖部外皮即可。

接下來把蘆筍沖洗乾淨，切段，放入熱水鍋中燙約三分鐘，撈起放入鋼盆，再用冷水沖淋降溫，待溫度降低後，撈起放進冰箱冰鎮。用餐時取出，加些許美乃滋就能上桌。美乃滋不需要多，因為蘆筍自帶清甜，被遮掩就可惜了。

這道涼拌蘆筍吃起來冰冰涼涼的，青翠多汁，非常可口。

份量
四人份

食材
蘆筍　三一六克
美乃滋　八克

營養師的話

蘆筍含有豐富的營養，對於糖尿病心血管疾病具有相當的助益，所含的膳食纖維可以結合腸道中的膽固醇，加速排除肝臟中的膽固醇，進而降低血脂質而達到穩定血壓的作用。

另一方面，蘆筍含鉀等礦物質相當豐富，可透過調節細胞內的電解質，維持糖尿病友的心臟功能與血壓調節。

此外，蘆筍富含葉酸，可以透過半胱胺酸的水平，改善糖尿病患者心血管疾病等問題。由於葉酸不耐高溫，應避免高溫久煮。

做法

①蘆筍洗乾淨，對半剖開。
②鍋內加水，滾開。
③放入蘆筍燙三分鐘。
④撈出蘆筍，泡入冰水內至常溫。
⑤取出蘆筍切段，放入盤內，放進冰箱冰鎮。
⑥食用時，加些美乃滋即可。

營養分析

醣類（公克）	16.0
蛋白質（公克）	3.2
脂肪（公克）	5.0
總熱量（大卡）	121

食物分類

全穀雜糧類（份）	0
豆魚蛋肉類（份）	0
蔬菜類（份）	3.2
油脂類（份）	1.0
水果類（份）	0
乳品類（份）	0

涼|拌|苦|瓜

有些人不敢吃苦瓜，怕苦瓜太苦難以下嚥，其實只要處理得當，涼拌苦瓜也可以成為一道受歡迎的涼拌菜。

要做涼拌苦瓜，建議選購圓滾滾、外表較平順的苦瓜，之後去除苦瓜裡的白仁時比較方便下刀切除。買回家後，先把苦瓜洗乾淨、剖半、去籽，接下來為了方便處理，我會將一條苦瓜切成六等份，用刀子小心切除苦瓜裡的白仁（白色部位）。切除白仁後，整條苦瓜就沒有苦味了，這是美味小祕訣。

接下來把苦瓜泡入裝了水的鋼盆，再整盆放入冰箱冰鎮，食用前取出苦瓜並切成斜片，加點千島醬就可品嘗。

由於去除了有苦味的白仁，只留下多汁的瓜肉，對於不敢吃苦瓜的人來說，吃到的是苦瓜的甜、脆和多汁，沒有苦味。這道菜清涼降火，可以常吃，冰鎮後咀嚼起來沁涼多汁，尾韻甚至略帶些許天然甘甜，就是不要貪心加太多醬料，以免增加身體負擔。也順道分享一個訣竅，涼拌苦瓜切得愈薄，入口愈清脆甘甜。

別小看涼拌苦瓜，台式日本料理店或海產店都看得到它的身影，而且售價通常不便宜，自己做划算許多。

這道涼拌苦瓜或許剛開始時做得不熟練，但一回生兩回熟，只要多練幾次，就是一道餐桌上極受歡迎的蔬食，在家宴客也端得上檯面。

涼拌苦瓜

份量

四人份

食材

苦瓜　四四五克

千島醬　二〇克

營養師的話

苦瓜含有豐富的膳食纖維、維生素與微量礦物質，內含的苦瓜胜肽更具有類似胰島素的功能，有益於糖尿病友的血糖控制。

由於胜肽類物質不耐高溫久煮，這道料理直接將瓜肉切片，將有效保存苦瓜的有效成分，適量搭配千島醬後，更添風味。

做法

① 苦瓜剖半，去籽，確實削除內部的白仁（白色部位）。
② 把苦瓜放入泡水的鋼盆內，整盆放入冰箱冷藏。建議冷藏至少三到四小時，冰愈久愈脆。
③ 食用前，取出苦瓜將水瀝乾。
④ 把苦瓜切成斜片，裝盤。
⑤ 在苦瓜上擠些千島醬，完成。

食物分類

全穀雜糧類（份）	0
豆魚蛋肉類（份）	0
蔬菜類（份）	4.5
油脂類（份）	1.0
水果類（份）	0
乳品類（份）	0

營養分析

醣類（公克）	22.0
蛋白質（公克）	4.5
脂肪（公克）	5.0
總熱量（大卡）	151

涼｜拌｜洋｜蔥

很多台式日本料理餐廳、老餐館都以這道涼拌洋蔥做為開胃菜，這道風靡餐廳食客的涼拌小菜其實不難做，很容易上手。

先把洋蔥切成絲，放入加水的鋼盆裡，用手抓一抓、揉一揉，途中換水好幾次以去除洋蔥的刺激味道。接著，讓洋蔥絲繼續在鋼盆裡泡水，同時整盆放進冰箱冰鎮。要吃之前，將水瀝乾，在洋蔥上撒些柴魚片、淋些鰹魚醬汁就可上桌。

有些人擔心切洋蔥時眼睛被薰得睜不開，對付的法子是事先把洋蔥放入冰箱，擱置一天後再拿出來切，比較不會薰。切的時候也可以站在上風處，打開電風扇讓洋蔥的味道隨風吹往下方，如此一來就不致於「感動」到流淚。

份量

三人份

食材

洋蔥	二六二克
細柴魚片	三克（或依個人喜好）
鰹魚醬油	五～十毫升

營養師的話

洋蔥除了有穩定血壓的作用，也可以調節血糖，內含的硫化物與類黃酮物質則能增加胰島素的敏感性，穀胱甘肽則可促進胰島素分泌，對於糖尿病友的血糖調節是有所助益的。

另一方面，柴魚片的原料是海魚，是蛋白質來源的好食材，但因含天然鹽，使用鰹魚醬油時請斟酌用量，才能更顯原型食物的風味。

做法

①剝除洋蔥外膜，把洋蔥切成薄片。
②將洋蔥片泡入冷水中，以手略抓幾下將洋蔥片打散並去青。
③換水，重複步驟②數次。
④把洋蔥片泡入一盆新的冷水中，整盆放入冰箱冷藏。
⑤需冷藏八小時以上，才能徹底去除洋蔥的辣味。
⑥要吃之前，把洋蔥片撈出瀝乾，放入盤內。
⑦放上細柴魚片，淋上鰹魚醬油。

營養分析

醣類（公克）	13.0
蛋白質（公克）	2.6
脂肪（公克）	0
總熱量（大卡）	62.4

食物分類

全穀雜糧類（份）	0
豆魚蛋肉類（份）	0
蔬菜類（份）	2.6
油脂類（份）	0
水果類（份）	0
乳品類（份）	0

過去農業年代遇到夏天，大家熱到受不了，又得在農田裡辛勤耕種，食欲也不佳，在廚房做菜的家庭主婦更是忙得一身汗，因此經常煮豆仔粥、筍絲粥、芥菜粥和南瓜粥當成一餐，圖方便之外，製作簡單又繽紛豐富。另一方面，粥品放涼後品嘗更美味，主婦只需利用空閒時間製作，壓力減少許多。吃飯時間全家相聚，也不用因為熱騰騰的菜餚而吃得滿頭大汗，全家人食欲大開，一鍋粥很快就被一掃而空。

這種煮菜粥當午餐的文化，在我小時候的夏天依然相當盛行。

小時奶媽婆婆喜歡一大早就煮好豆仔粥，到了應該煮飯的近中午時分，只看她拿把扇子坐在通風處一派輕鬆，絲毫沒有煮飯的打算，媽媽還擔心她忘了要做菜，好奇地問她「天氣這麼熱，太晚煮，菜太熱，大家可能吃不下喔！」，奶媽婆婆只是笑笑要媽媽不用擔心。

午餐時間一到，奶媽婆婆端出一鍋已放涼的豆仔粥，外加一罐白胡椒粉，讓大家自己盛。喜歡重口味的爸爸灑著胡椒粉，感受那微辣的刺激感，吃得讚不絕口，小孩同樣吃得不亦樂乎。

奶媽婆婆也會做絲瓜粥、筍絲粥，替換蔬菜，吃起來同樣可口，只需要把豆仔粥的長豆換成絲瓜或筍絲即可，做法大同小異。每款都有各自的風味，變化極多又美味，很適合現代人在家裡復刻，來場味蕾的尋覓之旅。

現代人工作忙碌，下廚做菜有時總被視為煩人之事，一鍋煮的菜色能大大減輕負擔，食材只要準備好，提早趁空閒時分別處理，就能快速製作出一鍋佳餚，而且當中的滋味極富層次，讓人百吃不膩，是絕佳的懶人餐選擇。食材如此繽紛多元，輕鬆滿足一家人日常所需營養之餘，美味與營養融於一鍋，何樂不為？

一鍋煮

豆｜仔｜粥

豆仔粥口味清香，鹹香中帶著些許菜豆的香甜，好吃得不得了！這道非常經典的農村菜烹調步驟簡單，美味又可口，能讓平日不喜歡吃菜豆的人都想吃。爆香蝦米則是這道菜的關鍵靈魂，那充滿鮮味的氣息，無疑是豆仔粥最引人入勝之處。

針對糖尿病患者，營養師給予的飲食規範與衛教方針中並不鼓勵吃粥，總怕不小心貪嘴而攝取過多澱粉。你可能會想，吃粥會不會澱粉攝取過量？其實這需要略施心機，料多米少，同時避免選用升糖指數高的粳米，改採升糖指數較低的秈米，比如台農秈米二十二號。

我煮豆仔粥給公公吃，他聽了很高興，吃得也很開心，其實我悄悄降低了米量，湯和菜多一點，比例稍微調整，想不到公公同樣無比滿足，讓我得意了好幾天。我也才發現，糖尿病患者因為嚴格受到限制，有時容易產生反彈的叛逆心，反而忽略了照顧者的好意。

份量

四人份

食材

白米	一杯（約一五〇克）
豇豆（菜豆仔）	八支
蝦米	約一〇〇克
紅蔥頭	四顆
油	一茶匙
豬肉絲	約二二〇克
鹽	一大匙
米酒	十五毫升
白胡椒粉	兩茶匙
水	一四〇〇毫升

營養師的話

豆仔粥富含蛋白質，蝦米清香可以增添香氣，經由適量的米酒提味，即便是夏季仍讓人胃口大開。

由於粥品的升糖指數較高，設計菜色時降低了米量並搭配富含纖維質的豇豆，也讓湯和菜多一點，對於牙口不好的高齡糖尿病友較方便食用，血糖的控制也相對容易。

做法

①白米洗淨後瀝乾。
②豇豆洗淨，折成約三、四公分長段，備用。
③蝦米泡水後備用。
④紅蔥頭切片，於炒鍋內倒入一茶匙油，爆香紅蔥頭片，盛起備用。
⑤利用爆過紅蔥頭的油，放入瀝乾的蝦米爆香。
⑥等蝦米爆至香味四溢後，加入紅蔥頭和肉絲一起拌炒。
⑦加入一大匙鹽、十五毫升米酒，調味。
⑧加入白米拌炒，撒上兩茶匙白胡椒粉，再倒入一四〇〇毫升的水。
⑨煮滾後，加入豇豆，續滾約三分鐘，即可上桌。

備註 豇豆也可換成絲瓜，四人份用量是一條絲瓜（約三〇〇克）。削除絲瓜外皮，切塊，把步驟⑨的豇豆換成絲瓜，即可煮出美味的絲瓜粥。

食物分類

全穀雜糧類（份）	7.5
豆魚蛋肉類（份）	13.0
蔬菜類（份）	1.7
油脂類（份）	1.0
水果類（份）	0
乳品類（份）	0

營養分析

醣類（公克）	121.0
蛋白質（公克）	107.7
脂肪（公克）	56.6
總熱量（大卡）	1424

蛤｜蜊｜粥

蛤蜊粥是一道充滿鮮味的粥品。適合不能吃太多鹹味的人，因為最吃得出天然鹹味的美好，同時也建議使用升糖指數較低的台農秈米二十二號，吃起來比較沒有負擔。

蛤蜊粥的製作方式簡單，卻同樣有製作上的考驗深深挑戰著廚娘的做菜邏輯，不過關鍵其實只有一個：調味得放在最後。要等蛤蜊開了口，拿湯匙攪拌一下並試過味道，才能決定放多少鹽。這動作可不是故弄玄虛，別忘了，蛤蜊煮開後會釋放自身鹹味，倘若先調味才放蛤蜊，不是蛤蜊放多了會過鹹，就是蛤蜊放少了沒有鮮味。

如果不喜歡吃熱的蛤蜊粥或不愛喝湯，可以煮好後放涼。如此一來，泡在湯汁裡的米粒會吸收水分，吃的時候湯汁變少了，卻容易有飽足感。

份量

四人份

食材

白米	一杯（約一五〇克）
蛤蜊	約三〇〇克
豬肉絲	約五〇克
蒜頭	一顆
芹菜	一支
油	一茶匙
水	一〇〇〇毫升
鹽	〇．八茶匙（可視實際味道調整）
白胡椒粉	一茶匙

營養師的話

白米是台灣人主食，高經濟的能量來源，粥品具有好消化與吸收快的特性，在早期農業社會是很重要的能量來源之一。

確實，適當喝粥對於糖尿病友的體力恢復有所幫助，而透過蛤蜊、豬肉與其他蔬菜的添加，也能獲取較為均衡的營養，但仍不可因為味美而餐餐都喝。依照熱量建議分配，粥品建議每次攝取約一碗～兩碗。

秈米屬於在來米，相較於蓬萊米或糯米來說，升糖指數較低，對於糖尿病友的血糖維持也相對較佳。此外，蛤蜊富含蛋白質，維生素 B 及鐵、鋅等礦物質，脂肪含量低，且能增進食欲、幫助傷口癒合，烹煮方便，味道鮮美，可經常入菜。

做法

①白米與蛤蜊洗淨後瀝乾，備用。
②蒜頭與芹菜切末，備用。
③鍋中倒入一茶匙油，開中火將蒜末爆香，然後倒入白米與豬肉絲拌炒。
④鍋中加入一〇〇〇毫升的水，煮成粥。
⑤待粥煮熟後，加入蛤蜊續煮。
⑥蛤蜊開口後，均勻攪拌，使蛤蜊湯融於粥內。
⑦試味道。若覺鹹度不夠，略加少許鹽提味。鹽若太多，反而會變成死鹹。
⑧盛裝，同時灑上芹菜末、白胡椒粉，即可上桌。

營養分析

醣類（公克）	112.5
蛋白質（公克）	38.0
脂肪（公克）	17.5
總熱量（大卡）	755

食物分類

全穀雜糧類（份）	7.5
豆魚蛋肉類（份）	3.2
蔬菜類（份）	0
油脂類（份）	1.0
水果類（份）	0
乳品類（份）	0

鱸魚麵線

鱸魚麵線是最典型的懶人料理，絕對的主婦福音，製作極為便捷迅速，從備料到煮好，前後花不了十分鐘。

我會事先買鱸魚切片後放在冰箱，要用時事先解凍，同時在鍋裡量好所需的水量，開火煮滾。等待期間可以分神休息或做些廚房瑣事，待水滾後，再把麵線剪成一半放入鍋內，並用筷子稍加攪拌。麵線剪半是為了避免麵線太長，煮熟後不好撈。

麵線煮約一分鐘後，放入鱸魚片同煮。要注意魚不要煮太老，看到魚肉變白、用筷子輕敲有點結實感，此時就是最佳鮮嫩度，趕快關火。如果感覺魚肉煮得太過結實，魚肉可能就已經老了不那麼迷人。

我通常會買含有鹽分的鹹味麵線，雖然價格略高，但是口感比較Q，而且還有一個很棒的特色：這種麵線在日晒過程中會加鹽以添增韌性，只要煮麵線的水量和麵線比例正確，完全不用再額外加鹽，純靠食材自身滋味就能展現美好，不會有過度調味的問題，煮起來尤其方便。

煮的時候要記得麵線熟度，煮太久麵線糊掉就不好吃了。

建議鱸魚肉片不要沾醬油，更能品嘗到魚肉的鮮甜。

份量
兩人份

食材
麵線　一二六克
鱸魚片　二二二克
薑絲　十五克

營養師的話

鱸魚具有鎂、鈣、鋅、鐵等豐富的礦物質，且其蛋白質容易消化，是糖尿病友恢復體力時的好食材。

除了經常吃到的米飯與麵線，玉米、菱角、樹豆與豌豆仁都屬於全穀雜糧類。由於全穀雜糧類的食物每日建議量大約為三碗左右，因此想享用美味的鱸魚麵線時，若是配菜中還有其他全穀雜糧類，記得要以替換的概念，稍微減少麵食的攝取。

另外也需要特別注意，如同食譜所述，由於麵線本身鈉的含量高，烹調時不需要再額外加入其他鹽分。

做法

①先在鍋中加入清水後開大火。
②水煮滾後放入薑絲，將薑的味道煮出來。
③放入麵線。
④麵線煮約一分鐘後，放入鱸魚片。
⑤待鱸魚片熟後即可關火，盛碗上桌。

營養分析

醣類（公克）	75.6
蛋白質（公克）	54.5
脂肪（公克）	19.0
總熱量（大卡）	701.6

食物分類

全穀雜糧類（份）	5.0
豆魚蛋肉類（份）	6.3
蔬菜類（份）	0
油脂類（份）	1.0
水果類（份）	0
乳品類（份）	0

八｜寶｜炊｜飯

八寶炊飯是一絕，它屬於割稻飯的一款。時間回到過去的年代，從事農務的人最怕沒體力，炎炎夏日在豔陽下工作會影響胃口，吃得少體力就下跌，直接影響採收成果，此時割稻飯就扮演極大的作用，能夠讓人吃了脾胃大開，迅速補足體力，而八寶炊飯元素多元，很能打開食欲。

另一方面，早年的主婦負責張羅餐點，煮好後得用扁擔扛著裝菜的竹簍，沿著田埂走到樹蔭下讓大家享用，若是煮一鍋飯再配幾樣菜，用竹簍擔起來前後兩邊重量不一，有時候真的很辛苦，若煮八寶炊飯再煮一鍋蔬菜湯，竹簍前後平均挑著就輕鬆多了。

我把八寶炊飯做了些巧妙的改變，菜的比例增多，米的比例減少，白米也改用升糖指數較低的台農秈米二十二號秈米。加多一點水會比較黏稠，吃起來不乾，容易入口，蔬菜量也夠多，又有雞肉，是極豐富、營養均衡，吃起來又有滿足感的一餐。

我平常會一次做一大鍋，分裝容器後再放冰箱冷凍，一旦太忙碌就拿出來解凍，用電鍋回溫後就能享用，非常方便。

最後分享一個小祕訣，只要在鍋裡加一些香油，在蔬菜和飯的撞擊下，味道會變得更有層次。

份量

五人份

食材

米（台農秈米二十二號）	二・五杯
蝦米	十七克
紅蘿蔔	一〇五克（去皮後八十三克）
玉米筍	九十二克
櫛瓜	七十五克
長豆	一〇七克
豆包	四十五克
乾香菇	十三克（泡水後三十九克）
雞胸肉	一二五克
鹽	一大匙＆〇・二五大匙＆一大匙
香油	一大匙＆一大匙
油	一茶匙
白胡椒粉	半大匙
水	二・五杯

營養師的話

除了包含豐富的蛋白質、醣類與脂質等三大營養素，這道八寶炊飯選擇了低油脂的食材，並搭配低油烹調，對於糖尿病友身體的負擔較小。同時利用「炊」將味道煮進去，透過在飯鍋中增加蔬菜和雜糧，增加營養攝取的豐富度，一鍋就達到了營養均衡的目的。

台農秈米二十二號是在來米（秈米），升糖指數稍低於蓬萊米（梗米）和糯米。不過，享用美味的八寶炊飯時，同樣要留意其他配菜的搭配，在不超過合理的醣類攝取下取得均衡的營養，才有益於餐後血糖的控制。

備料

①將米洗淨。
②蝦米泡水。
③乾香菇泡水後，切丁。
④紅蘿蔔去皮，切成半公分大小的方塊。
⑤玉米筍洗淨，切丁。
⑥櫛瓜洗淨，先切成一公分左右的薄片，再切成小丁。
⑦長豆洗淨，切成約三公分長的小段。
⑧豆包切成一公分大小的立方體。
⑨雞胸肉切成兩公分大小的立方體，加入一大匙鹽、一大匙香油，搓揉後靜置。

做法

①冷鍋不加油，先放入蝦米爆香後，再加一茶匙油繼續爆。
②加入香菇絲，與蝦米一同繼續爆香。
③加入雞丁，一起炒至半分熟（不加油）。
④陸續加入豆皮、長豆、玉米筍、紅蘿蔔快炒（不加油）後，加一大匙香油、〇·二五大匙鹽。
⑤加入白米炒拌均勻，並加一大匙鹽、半大匙白胡椒粉。
⑥加入櫛瓜拌炒。
⑦把全部材料放入電鍋內鍋，內鍋放二·五杯水，外鍋放半杯水，煮至電鍋跳起。

食物分類	
全穀雜糧類（份）	18.8
豆魚蛋肉類（份）	6.7
蔬菜類（份）	4.0
油脂類（份）	1.3
水果類（份）	0
乳品類（份）	0

營養分析	
醣類（公克）	301.0
蛋白質（公克）	88.5
脂肪（公克）	28.6
總熱量（大卡）	1815

電鍋菜

電鍋菜的製作簡單、迅速，是一年四季都很受歡迎的「主婦福音」，吃起來暖心暖胃，張羅也不費事。

食材簡單處理後不需要太多調味，用一點鹽與白胡椒粉就能帶出食材鮮味；放入電鍋燉煮後則可以做其他瑣事；電鍋一跳起就能輕鬆用餐，菜色繽紛有味，極適合現代家庭。

即使盛暑，做這道料理也不怕太熱或太辛苦，只要將排骨川燙過洗清，湯頭就不會有惱人的肉渣，再把所有食材放入電鍋內鍋，後面的事就交給電鍋處理了。擔心整日工作太忙，回家後煮飯時間太趕時，我會事先備妥材料，回家後不到二十分鐘就能將食材全數入鍋。

若夏天不想喝熱湯，可以早一點從電鍋中取出放涼；冬天則有電鍋保溫，餐前取出來仍熱騰騰的。我還會耍點小心機，上桌前先盛入大砂鍋，家人都以為我非常辛苦的做菜而給予掌聲。其實一切拜科技所賜，不需要像古人那般辛苦看顧爐火。

最後別忘了一個小細節：電鍋跳起來後不要急著開鍋，悶個十五分鐘再掀蓋，讓熱循環完成，湯頭會更好。

喜歡香菜的朋友也可以在湯上灑一些增添味道。

份量

四人份

食材

排骨肉	六四七克
玉米	四三四克（兩根）
白蘿蔔	一〇七二克
紅蘿蔔	三一二克
小鳥蛋	一〇〇克（十粒）
海帶結	一一九克
鹽	一．五茶匙
白胡椒粉	〇．二五茶匙
水	蓋過食材

營養師的話

排骨富含油脂，同時也是醣類的重要來源。這道菜利用電鍋蒸煮的方式將排骨的風味炊入湯品中，排骨又事先川燙過，且排骨肉不帶油，湯品也因此沒有浮油，對於糖尿病友的身體相對較無負擔。

玉米富含纖維質，能幫助調控血糖，不過玉米屬於全穀雜糧類，糖尿病友在食用玉米這類食材時，應與其他道菜餚所攝取的醣類互相搭配，對於血糖的調控會更有幫助。

做法

①排骨肉以熱水燙過。
②玉米洗淨，切段。
③紅蘿蔔、白蘿蔔洗淨去皮，切滾刀塊。
④將上述處理好的食材放入電鍋內鍋，同時加入小鳥蛋、海帶結。
⑤加水至淹過食材，並且加入一·五茶匙鹽和〇·二五匙白胡椒粉。
⑥把內鍋放入電鍋，外鍋放兩杯水，煮至電鍋跳起，悶個十五分鐘，完成。

營養分析

醣類（公克）	134.3
蛋白質（公克）	165.0
脂肪（公克）	101.5
總熱量（大卡）	2174.1

食物分類

全穀雜糧類（份）	3.9
豆魚蛋肉類（份）	20.3
蔬菜類（份）	15.0
油脂類（份）	0
水果類（份）	0
乳品類（份）	0

製作豬肉料理時要先考慮買什麼部位的肉，而非有肉就好。有些豬肉部位吃起來會柴，並不可口。

有時候會看到食譜加入太白粉略醃，以取得軟嫩口感，這點我最不贊成，因為這年代大家都不想吃太多澱粉，與其加澱粉醃，不如取得好部位的豬肉來替代太白粉。

我通常會採用的部位是梅花肉，更愛梅花頭這個部位。梅花頭位於梅花肉的前端，肉販取出後每顆約拳頭大小，一頭豬有十來顆梅花頭。

梅花頭使用起來的效果極好，吃起來口感滑嫩，不需要太白粉的介入，我最喜歡用。梅花頭雖然量少，價格較高，但是效果好，只不過取得不容易，我通常會先向攤販預約訂購。

我認識一位豬肉販的兒子，他原先在屠宰場工作，經常好奇地利用空檔和同事研究豬肉每個部位的差異，也會和媽媽分享，因此後來到媽媽的豬肉攤幫忙後，便負責將每個部位的豬肉分切好交給媽媽，媽媽則將各部位豬肉的料理技巧與顧客分享，不同料理搭配相對應的部位，讓豬肉發揮最好的功效。這一攤的生意特別好，有時來晚了，搶手部位一搶而空。

有些豬肉攤的豬肉會有腥臊味，吃起來不舒服。會有腥臊味的原因有二，一是養殖場的環境問題，批貨時因為進價比較便宜，批入了比較劣質的豬。二是豬販進了整頭豬肉後沒有馬上處理、分割、冰存，這是攤販的個性懶惰不積極，改不了。這些攤子我通常買過一次就不會再上門。

肉類料理

蒜｜苗｜炒｜肉｜片

蒜苗炒肉片是我最喜歡做的菜，做起來簡單又快速。

我曾經想偷懶，一次多做一點，方便分成兩餐吃，事後發現簡直是痴人做夢，因為味道太美妙了，即使炒很多，也總是一餐就解決，根本留不到下一餐。

這道菜好吃之處在於光吃肉就能一口接一口，根本忘了找白飯來搭配，美食主義者有了這一盤肉就大大滿足。尤其使用梅花頭肉，口感滑嫩中帶點脆，完全不需要添加太白粉潤飾，無形中減少身體負擔。

有朋友說平常不喜歡蒜苗的味道，遇到我做的蒜苗炒肉片卻不斷夾蒜苗吃，完全忘了先前的抱怨，還問蒜苗怎麼會變得這樣好吃？其實蒜苗碰到酒和醬油，蒜味就會變甜，不再有嗆辣感，也因此我總是認為，挑食這件事不應該存在，而是要用對方法詮釋食材的美味，這樣才能夠促進均衡飲食的習慣。

份量

四人份

食材

梅花頭肉　二六七克
蒜苗　兩支（一八○克）
蒜頭末　十六克
醬油　一大匙＆一大匙
米酒　半大匙＆兩大匙
油　一茶匙
香油　○．二五茶匙

營養師的話

梅花肉屬於中脂肉類，飽和脂肪含量較高，建議每周攝取三兩以下為宜，這道蒜苗炒肉片的食材用量與設計，便是依循此一原則。

這道料理以蒜苗和蒜頭來提供天然香味，一來可減少含鈉調味料的使用，二來富含纖維，有助延緩攝取醣類後血糖上升。此外，大蒜素為天然抗氧化物，具有調節血壓的作用，對於糖尿病友的心血管功能是有幫助的。

做法

① 梅花頭肉加入一大匙醬油、半大匙米酒，以手略微搓揉入味，靜置稍醃。
② 蒜苗洗淨，切除頭尾，以紙巾擦乾後，斜切成蒜苗片。
③ 鍋中倒入一茶匙油，爆香蒜頭末。
④ 待蒜頭略成焦黃色時，倒入醃好的肉片。
⑤ 加入兩大匙米酒、一大匙醬油，拌炒至肉熟。
⑥ 肉熟時，加入蒜苗續炒。
⑦ 倒入〇·二五茶匙香油，略為翻炒，即可上桌。

食物分類

全穀雜糧類（份）	0
豆魚蛋肉類（份）	7.5
蔬菜類（份）	2.0
油脂類（份）	2.0
水果類（份）	0
乳品類（份）	0

營養分析

醣類（公克）	0
蛋白質（公克）	52.0
脂肪（公克）	80.0
總熱量（大卡）	928

爆｜炒｜雞｜腿｜片

這道爆炒雞腿片別看食材搭配簡單，做出來一點也不像家常菜，很像餐廳菜，因為口味上非常有記憶點，祕訣在於乾豆豉。

別小看豆豉這個小配角，過往對豆豉的使用相當廣泛，因為舊時代的街頭巷尾有很多小型醬油廠，而豆豉是釀醬油後產生的附加品，取得極為便捷。

幾顆豆豉能產生的美味，大家難以想像，可謂菜餚的靈魂。這道爆炒雞腿片正是因為匯入了豆豉的香味才變得如此繽紛馨香。

豆豉分為乾、溼兩種，千萬不要搞混。這裡用的是乾豆豉。溼豆豉容易炒焦，炒起來味道不如乾豆豉香但自帶甘甜。相較於早年乾豆豉和溼豆豉的運用壁壘分明，現代人對它們的運用比較模糊，甚至較少使用。

加乾豆豉入菜有訣竅，若直接將乾豆豉加到肉裡炒，只會有淡淡的豆豉香，味道比較平淡。我通常是冷鍋時就放入豆豉和蒜頭，再開小火並不斷翻鏟，利用低溫讓豆豉慢慢甦醒，隨著鍋子逐漸變熱，蒜頭和豆豉的香味慢慢飄出來才下油。

這個做法不是我的發明，舊時代就是這樣處理乾豆豉，食材的滋味才能逐漸甦醒，這和現代人爆炒食材時習慣先在鍋中加油的邏輯不同。只要小小的改變就能獲得好味道，「小兵立大功」。

我認為若要替家裡牙口不好或挑嘴的人著想，上菜市場買去骨的雞腿肉、切片，比較適合年長者或年幼者，如果喜歡咀嚼感也可換成雞胸肉。

份量

四人份

食材

去骨雞腿肉	三五一克
紅蘿蔔	四十五克
洋蔥	半顆（約一三六克）
乾豆豉	七克
蒜頭末	五克
鹽	半茶匙
米酒	一大匙
香油	一茶匙
油	一大匙
紅露酒	一大匙
水	一〇〇毫升
薑絲	三十二克

營養師的話

雞腿肉是低脂的優質蛋白質，也含有較少的飽和性脂肪，對血脂質較高的人來說屬於較優良的蛋白質來源。

這道菜利用薑、蒜、香油、米酒、紅露酒等調味料，更特別的是以洋蔥來增香，除了可以增加味蕾的衝擊，豐富的味道也減少了鹽的使用量。

豆豉則是一種營養相當豐富的發酵製品，不僅含有多種營養素來改善腸道菌叢並刺激消化，內含的尿激酶也有溶解血栓的作用，對於糖尿病友的心血管功能有所助益。

做法

①去骨雞腿肉去皮，斜刀切成薄片。
②紅蘿蔔洗淨，削皮，切片備用。
③洋蔥洗淨，切成約三×四公分塊狀。
④雞腿肉片加入半茶匙鹽、一大匙米酒、一茶匙香油，用手均勻搓揉後，靜置十分鐘。
⑤取炒鍋，冷鍋先放入乾豆豉。
⑥開小火，慢慢煸炒豆豉，直到飄出香味後再加入蒜末，然後再加入一大匙油同炒。
⑦加入洋蔥，繼續爆香。
⑧洋蔥香味釋出後，倒入醃製好的雞腿肉片。
⑨拌炒三、四下後，倒入紅蘿蔔片，同時加入一大匙紅露酒、一〇〇毫升水，繼續拌炒。
⑩加入薑絲略為拌炒後，蓋上鍋蓋悶煮（中途偶爾掀蓋拌炒）。
⑪待雞肉熟後，盛起上桌。

食物分類	
全穀雜糧類（份）	0
豆魚蛋肉類（份）	9.0
蔬菜類（份）	1.8
油脂類（份）	4.0
水果類（份）	0
乳品類（份）	0

營養分析	
醣類（公克）	0
蛋白質（公克）	64.8
脂肪（公克）	47.4
總熱量（大卡）	721.8

鹽｜水｜五｜花｜肉

鹽水滷料理可說是老台菜世界裡的特殊美好，做法簡單又滋味迷人，製作起來一點也不複雜。

早年的時空背景裡，醬油屬於價格昂貴的產品，食鹽反而便宜許多，所以只要加個滷包就能滷出許多道的鹽水料理成了庶民版本的滷味，滋味也一點都不輸醬油滷。

做鹽水滷很簡單，若要肉質香氣濃郁一點可以再加一包滷包，這是我的小祕訣。煮熟的五花肉清淡雅致，入口甚至感受得到天然香料的芬芳，猶如在嘴裡綻放花香般誘人。要上桌前可厚切也可薄切，薄切有薄切的口感，厚切也有其滋味。

我覺得老祖先很聰明，一道鹽水滷就有多種用途，好比先滷五花肉，讓豬肉的油脂釋放出來，剩下的鹽水汁再煮鹽水雞，或是滷雞胗，更可以燙個高麗菜，非常方便，這可是老祖先的料理祕密。

份量
十人份

食材
五花肉 一條（約一六〇〇克）
小滷包 一包
鹽 四五〇克
水 水量需蓋過五花肉

營養師的話

以鹽滷的方式來烹調五花肉不但能吃出食材的原味，相對於油炸與煎煮，滷製的烹調方法比較適合糖尿病友。

惟五花肉為高脂肉類，含較多飽和性脂肪，若為血脂異常者，建議在滷製完成後，再將五花肉去皮，或是適度去除肥肉部位，以避免攝取過多的肥油，造成身體的多餘負擔。

做法

① 取一湯鍋，裝入冷水，以能蓋過五花肉的水量為主。
② 放入滷包和鹽，開火煮滾。
③ 滷汁煮開後，放入整條五花肉並蓋上鍋蓋，以大火煮十分鐘。
④ 十分鐘後立即關火，不掀蓋，悶十五分鐘。
⑤ 時間到後，撈出五花肉，待涼後即可切片享用。

備註 鹽水五花肉不需額外沾醬，如此才吃得到肉質的鮮美。

食物分類

全穀雜糧類（份）	0
豆魚蛋肉類（份）	27.8
蔬菜類（份）	0
油脂類（份）	0
水果類（份）	0
乳品類（份）	0

營養分析

醣類（公克）	0
蛋白質（公克）	194.6
脂肪（公克）	278.0
總熱量（大卡）	3280.4

鹽｜水｜雞

滷過五花肉的鹽水滷千萬不要浪費，因為滷過五花肉的滷水內含豬肉油脂，能夠巧妙滋潤雞肉的乾澀口感，用來做鹽水雞更簡單，而且油脂量並不多，也不需要過度擔心。

早年因為醬油貴，鹽比較便宜，鹽水雞是相當受庶民家庭歡迎的雞肉料理，比滷味更盛行，口味也不輸白斬雞，重點是百吃不膩。

做鹽水雞非常簡單，只要記住滷和泡的時間就好，可以說是零失敗，需準備的材料極少，步驟也十分單純。箇中祕訣是在滷水裡加個小滷包，沒有小滷包的話，單靠鹽，做不出好味道。

建議使用高品質的土雞，滷完取出剁塊後放到冰箱冰過，雞皮底下的雞凍別有風味，令人懷念。夏天天氣熱，我常常利用天氣不熱的夜晚滷鹽水雞放涼，睡前放入冰箱，隔天中午拿出來吃，簡單又方便。

滷完鹽水雞的滷水可以再滷一點雞胗，不過要注意，鹽水滷的滷水不同於醬油老滷可以一直養著，滷過鹽水雞之後頂多再燙個高麗菜或四季豆、玉米、杏鮑菇等青菜，但之後滷水就不能再用了，需要避免過度循環使用。

最後，若不先滷五花肉直接做鹽水雞，要事先拿一些雞油下鍋滷五至十分鐘，再撈出雞油，這樣滷水裡會帶點油脂，用來滷雞更好吃。

份量
十人份

食材
全雞　約一・八公斤
小滷包　一包
鹽　四五〇克
水　需蓋過雞隻

營養師的話

這道鹽水雞與前述的鹽水五花肉為一系列的製程。以滷過五花肉的鹽水滷來製作鹽水雞除了可以減少食材的浪費，煮出來的鹽水雞也不會太過死鹹。

食譜設計是以全雞來滷製，但是建議糖尿病友盡量選擇雞腿、雞里肉與雞胸肉等低脂肉類的部分，對於糖尿病友的心血管較為有益。

做法

①取一湯鍋，裝入冷水，以能蓋過雞隻的水量為主。
②放入滷包和鹽，開火煮滾。
③待滷汁煮開後，放入洗淨的全雞並蓋上鍋蓋，以大火煮二十分鐘。
④二十分鐘後立即關火，不掀蓋，悶二十分鐘。
⑤時間到，撈出全雞，待涼後即可切塊享用。

備註 建議五花肉滷完，再滷雞。

食物分類

全穀雜糧類（份）	0
豆魚蛋肉類（份）	33.7
蔬菜類（份）	0
油脂類（份）	0
水果類（份）	0
乳品類（份）	0

營養分析

醣類（公克）	0
蛋白質（公克）	235.9
脂肪（公克）	168.5
總熱量（大卡）	2460.1

鹽|烤|雞|腿

鹽烤雞腿這道菜和傳統台式日本料理店的烤雞腿做法完全一樣，店家可能講究些用木炭烤，我屬於比較慵懶的人，會藉由烤箱來助力。

若想把雞腿烤得比較香又容易熟，最好在雞腿上劃一刀，將雞腿稍微攤平，小小的動作，烤出來就是比較香。

另外，米酒不能加太多，加米酒抹鹽後要先靜置一下，然後稍微用紙巾把雞腿擦乾，再放入烤箱。若不先靜置，讓雞腿仍沾著米酒就溼答答地送進烤箱，皮比較不酥脆，那就不好吃了。

鹽烤雞腿過去是下酒菜，但我不鼓勵喝酒，只是要告訴你它吃起來很開胃、爽口，是一道誘人食欲的佳餚，做法極為簡單，花費時間甚少，材料取得也容易，應該能成為家庭常備料理，甚至露營或烤肉時都是極佳選擇。

鹽烤雞腿和平常吃的滷雞腿肉不一樣，口味相對清爽又保有雞肉的肉汁，雞肉原味在些許調味烘托下更顯迷人。餐桌上有時來點變化也不錯。

份量

一支一人份

食材

雞腿　一三八克
鹽　一茶匙
米酒　半大匙

營養師的話

雞腿肉屬於低脂的優質蛋白質，含較少的飽和性脂肪，對於糖尿病友是較好的蛋白質來源。

這道鹽烤雞腿利用不再添加其他油品的烤箱來烹調，對於糖尿病友的心血管功能來說，比油炸的更有益處。

如果擔心鹽與油脂攝取過多，可以考慮不吃鹽烤雞腿外皮，減輕身體的負擔。

做法

① 雞腿從中剖半切開，這樣烤的時候比較容易熟。
② 一支雞腿搭配半大匙米酒、一茶匙鹽，均勻塗抹。
③ 雞腿塗抹完後，靜置十分鐘。
④ 烤箱預熱（上、下火一八〇度），用廚房紙巾把醃好的雞腿擦乾。
⑤ 把雞腿放入烤箱，烤二十分鐘。

營養分析

醣類（公克）	0
蛋白質（公克）	24.5
脂肪（公克）	10.5
總熱量（大卡）	192.5

食物分類

全穀雜糧類（份）	0
豆魚蛋肉類（份）	3.5
蔬菜類（份）	0
油脂類（份）	0
水果類（份）	0
乳品類（份）	0

烤松阪豬肉

現在很流行松阪肉，這是豬隻後頸的小塊部位，油花如雪花般均勻分布，肉質咬起來Q脆有彈性，尤其瘦肉不柴，很容易擄獲老饕味蕾，可惜產量並不多。

烤松阪豬肉在我家是道懶人家常菜，但嚴格說起來其實更適合當成下酒菜。自家做的烤松阪豬肉品質可一點也不輸燒烤店，切肉時倘若注意紋路走向，下刀後甚至會發現肉裡還保有豐潤的肉汁。

有時工作忙碌太晚回家，做菜時間匆促，我又想給自己一個悠閒的空間，就會拿出松阪肉，抹酒、抹鹽、灑黑胡椒粒，靜置的十分鐘空檔可以炒幾道青菜。

待靜置時間到了，把烤盤包上鋁箔紙，再把松阪肉放入已預熱的烤箱烤個十到十五分鐘。等待烤箱烤好時趁機做其他瑣事，也足夠讓我沖個澡，再回廚房繼續接下來的工作，比如把烤好的松阪肉斜切成肉片，端上桌。

我喜歡烤松阪豬肉，感覺如果拿來炒有些可惜，因為吃不到肉質的原味和香嫩口感。多汁的烤松阪豬肉相當美味，黑胡椒粗粒的效果也比胡椒粉更好。

這道菜簡單又省事，輕輕鬆鬆就能端上桌，吃起來充滿肉汁，口感脆彈誘人。更好的是上桌時總受到家人熱烈捧場，這不就是廚房成就感最重要的回饋嗎？

喜歡有咬勁的人可以切厚一點，牙口不好的人則建議切薄片，適合全家大小共同享用。

份量

三到四人份

食材

松阪豬肉　一片四六四克（約十二兩）
米酒　一大匙
鹽　一茶匙
黑胡椒粒　一．五茶匙

營養師的話

豬肉是包含香腸與臘肉等許多加工肉品的主要肉源，然而對於糖尿病友而言，盡可能吃原型食物是非常重要的建議。

這道菜以簡單且單純的烹調方式來處理松阪豬肉，相較佐以多種調味料的快炒手法，對於糖尿病友的血糖控制較佳。

在享用全穀雜糧的碳水化合物主餐之前，若能預先品嘗這些蛋白質的菜餚，對於糖尿病友的餐後血糖也能較有幫助。

做法

①將松阪豬肉均勻抹上鹽和黑胡椒粒。
②均勻淋上米酒，並且輕拍入味。靜置十分鐘使其入味。
③預熱烤箱（上、下火二〇〇度）。
④放入醃好的豬肉烤十～十五分鐘（視肉片厚度）。
⑤烤好後，斜切薄片，即可上桌。

食物分類

全穀雜糧類（份）	0
豆魚蛋肉類（份）	13.2
蔬菜類（份）	0
油脂類（份）	0
水果類（份）	0
乳品類（份）	0

營養分析

醣類（公克）	0
蛋白質（公克）	92.8
脂肪（公克）	105.6
總熱量（大卡）	1317

薑絲肉片

嫩薑切絲炒肉片看似簡單，好像是平淡無奇的組合，滋味卻極為爽口、開胃。我很喜歡。

烹調時，薑絲爆香完之後再加肉片，炒肉片油不用加多。早年不會用太多油來炒菜，若感覺肉太黏鍋了就加點水取代，畢竟油在古早歲月裡是昂貴的，一般不會大量使用。現在油雖然不貴，倒也不用因此肆無忌憚地使用，一來這樣煮出來的肉並不出色，二來也能趁機減少油的用量。

不過油少炒肉片容易黏鍋，感覺肉片黏鍋時，就加點米酒和水來取代油。這是一個重點。炒肉時不一定要靠大量的油才能炒出芳香滑嫩的口感，那實在不是個健康的好選擇。追求美味同時也能保有健康，改用水、米酒這類液體取代油的使用量，更加健康之餘，依然能端出美饌。

炒熟要盛入菜盤時，只要盛豬肉片和薑絲就好，多餘的水和油不用盛，這樣油和鹽分的攝取量就會降低。

做這道菜我喜歡用梅花肉片，若能用到梅花頭部位更好，因為肉嫩就不需要裹粉，少了澱粉攝取以外，吃起來還特別爽口。

最後，別忘了使用嫩薑，不要用老薑。早年一年四季都會吃這道菜，算是食補，嫩薑能促進血液循環，多吃不容易感冒，同時又自帶曼妙辛辣感，入口時能帶來一絲味蕾驚喜。冬天還可以偷偷加幾滴麻油下去，成為簡單的滋補良菜。

份量
三人份

食材

肉片	二二二克
薑絲	五〇克
蒜苗	三十八克
鹽	半茶匙＆〇·二五茶匙
香油	一大匙
紅露酒	一大匙
油	一大匙
水	五〇毫升

營養師的話

梅花肉是指豬隻的肩胛肉部分，油脂雖然豐富，卻是屬於中脂的部位。烹調時為了降低額外油品的添加而以水取代油拌炒的小巧思，則能讓糖尿病友食用時的身體負擔較低。

除此之外，薑絲能開胃去腥，也有促進新陳代謝與調節血糖的作用，對於糖尿病友是有助益的。

做法

① 薑洗淨切絲，蒜苗洗淨後去頭尾，切末。
② 肉片加入半茶匙鹽、一大匙香油、一大匙紅露酒，用手均勻攪拌，靜置醃三分鐘。
③ 在冷鍋中加入一大匙油，開火。
④ 待油熱後，加入蒜苗細末快炒。
⑤ 迅速倒入肉片快速翻炒，使蒜苗末味道沁入肉中。
⑥ 倒入五〇毫升水拌炒（少油時加水將有利拌炒）。
⑦ 肉炒熟後，加入薑絲拌炒。
⑧ 加入〇．二五茶匙鹽調味，均勻拌炒後起鍋。

食物分類

全穀雜糧類（份）	0
豆魚蛋肉類（份）	6.3
蔬菜類（份）	0.9
油脂類（份）	6.0
水果類（份）	0
乳品類（份）	0

營養分析

醣類（公克）	4.5
蛋白質（公克）	45.0
脂肪（公克）	48.9
總熱量（大卡）	638.1

甜椒雞丁

甜椒雞丁和爆炒雞腿片的材料乍看相似，都有豆豉的影子，成果卻會讓人大大驚喜。

台菜最講究的就是食材的撞擊，靠好食材互相拉提，這道甜椒雞丁裡的洋蔥是甜的，因此不需要加糖就能得到甜味，豆豉加紅露酒則會撞擊出渾厚的好滋味，讓這道菜因此成為吃過就無法忘懷的美味。

此外，甜椒雞丁裡添加的蔬菜搭配得非常巧妙，一點也不違和，即使是不喜歡吃蔬菜的人都會悄悄地把蔬菜吃完，不吃還覺得太可惜。

提供給糖尿病患者的料理經常做得太清淡，用豆豉來點綴能讓雞肉不再平淡，可謂絕佳搭配。

份量

六人份

食材

雞胸肉	四七八克
洋蔥	二三一克
甜椒	一・五顆（二六〇克）
玉米筍	七十三克
蒜頭末	一大匙（十二克）
香油	一大匙
鹽	半大匙
米酒	半大匙
油	一大匙
紅露酒	一大匙
乾豆豉	一大匙（十八克）
水	半杯

營養師的話

透過運動等方式來增加肌肉，同時減少體脂肪含量，向來是對抗糖尿病的重要策略與方式之一，這道菜使用的雞胸肉既是優質低脂蛋白質，也是增肌減脂的好幫手。

另一方面，洋蔥含有槲皮素能降低血糖，甜椒有豐富的維生素可減少糖尿病友體內的氧化自由基，玉米筍則有豐富的膳食纖維，能夠幫助消化。

將這些蔬菜與肉類一同拌炒除了增加菜色的豐富性，也提高了整體營養價值。

做法

①雞胸肉切成三×三立方丁塊（也可切片），加香油一大匙、鹽半大匙、米酒半大匙，均勻搓揉後，靜置約十分鐘。
②洋蔥洗淨，去皮切塊。
③甜椒洗淨，切塊。
④玉米筍洗淨，斜切。
⑤炒鍋加熱後倒入一大匙油，轉小火，加入一大匙蒜頭末。
⑥加入雞肉丁塊後開始炒，中途加入一大匙紅露酒，炒至全熟。
⑦加入乾豆豉一大匙。
⑧倒入洋蔥，一起炒出香味。
⑨加入玉米筍與半杯水。
⑩加入甜椒爆炒約半分鐘，即可起鍋。

食物分類

全穀雜糧類（份）	0
豆魚蛋肉類（份）	16.0
蔬菜類（份）	6.0
油脂類（份）	3.0
水果類（份）	0
乳品類（份）	0

營養分析

醣類（公克）	30.0
蛋白質（公克）	118.0
脂肪（公克）	63.0
總熱量（大卡）	1135

花｜椰｜菜｜乾｜滷｜肉

舊時代的農產品和現代一樣，會因為氣候等因素而供需失調，那時可沒有政府的補助方案，農家只能自力救濟。要是高麗菜生產過多又賣不掉，便用日晒等方式做成高麗菜乾、酐仔菜，以此保存；若是花椰菜滯銷就晒成花椰菜乾。而如此天然的保存方式，想不到竟增加了更多的美味。

花椰菜乾滷肉和福菜滷肉有異曲同工之妙，花椰菜乾滷起來比福菜更香。滷肉不會過於鹹膩，花椰菜乾為一片素雅滋味中帶來亮點，暗香從肉中散發，老祖先的生活智慧真是了得！些許花椰菜乾就換得如此優雅美味，而且花椰菜乾吃起來特別清脆可口，絲毫不乾硬難咬。

現在超市就買得到小農做的花椰菜乾，使用小技巧是不要讓花椰菜乾泡水太久，約莫十五分鐘即可，乾燥的花椰菜乾將因為泡水再度甦醒，從乾扁貌還原成原本的樣貌。

製作時，把花椰菜乾和浸泡的水一起倒入鍋內，不然少了花椰菜乾的水，味道會不夠濃。小鈕釦菇擠盡水分後的水也順便倒進去，增添滋味的厚度，但底部的渣不要倒。

花椰菜乾滷肉我採用的部位比較特殊，是梅花肉和松阪肉中間那一塊肉，有些豬販稱為「大雪花」，這個部位的肉滷過後Q彈有勁，由於瘦肉中散布著些許勻稱油花，穠纖合度，口感特別好。

很多老饕都知道大雪花，所以得事先訂購。拿不到大雪花，我會退而求其次，改用俗稱小雪花的梅花頭肉，再不行就用梅花肉將就些，也是我最後的底線。畢竟過於乾澀的肉質實在不美味，太過油脂的肉塊又顯得膩口。

這道菜可以一次多煮一點，再分裝成一袋袋單餐的量，放入冰箱裡冷凍起來，很適合職業婦女，十分方便。

份量

十人份

食材

大雪花	一〇九九克
鈕釦菇	四十三克
花椰菜乾	一〇六克
麵輪	一一一克
豆皮	八十二克
栗子	二八九克
米酒	五〇毫升
醬油	二五〇毫升

營養師的話

花椰菜是一種營養豐富的蔬菜，內含成分既有抑制肝臟糖質新生來控制血糖的作用，也有幫助調節體重的作用，食用花椰菜對於糖尿病友的血糖控制是有所助益的。

花椰菜乾的口感較脆、風味佳，搭配滷肉、栗子、鈕釦菇和豆製品一起滷，將成為一道高蛋白且高纖維的料理。不過泡發花椰菜乾的水鹽度較高，把水一起倒入鍋內烹調後，不需要另外加入鹽巴調味。

另外，栗子的澱粉含量較高，三粒大栗子約相當於 1/4 碗飯營養，糖尿病友食用栗子後，應酌量減少米飯的攝取。

做法

①肉先用熱水燙過，去渣，半熟時沖水略洗。
②鈕釦菇泡水，備用。
③麵輪泡水，備用。
④花椰菜乾泡水（十五分鐘）後，備用。
⑤栗子洗淨，備用。
⑥把肉、泡好的鈕釦菇、栗子放至鍋中。
⑦加入泡好的花椰菜乾，花椰菜乾水也一併倒入鍋內。
⑧放入乾豆皮與泡好的麵輪。
⑨鍋中加水至蓋過食材。
⑩添加五〇毫升米酒和二五〇毫升醬油，先開大火，滾後轉小火，加蓋滷四十分鐘。

備註 若用電鍋，外鍋放兩杯水。

食物分類	
全穀雜糧類（份）	14.4
豆魚蛋肉類（份）	37.33
蔬菜類（份）	1.49
油脂類（份）	0
水果類（份）	0
乳品類（份）	0

營養分析	
醣類（公克）	223.45
蛋白質（公克）	262.8
脂肪（公克）	343.65
酒精（公克）	22..0
總熱量（大卡）	5191.85

醬｜油｜滷

有別於鹽水滷，早年醬油價格比較貴，因為得用時間和技術換得甘醇。有些辛苦人家不見得用得起醬油，尤其是用來滷製料理，那可是何等的奢華！日治時期只有有錢人家和小康人家中才看得到醬油滷。時至民國四〇年代，社會結構改變，各地菜色匯入，加上整體經濟逐漸轉好，滷味才開始蓬勃發展。

這道醬油滷放了不少食材，足以撐起一片天，但製作時倒醬油要用老台菜的邏輯——極重視讓食材散發自身美味，調味料從來不是主角——不能倒太多。

別以為醬油用得少就沒有滷味的風貌，此時要的不是「醬油味」而是「醬香味」。要做出有「醬油味」卻沒有「醬油鹹」，醬油在這裡的表現是清淡雅致，讓所有食材的原味都自在展現，醬香成為誘人脾胃的烘托。

這道傳統醬油滷以甘草片取代了部分甘甜，使得料理甘味十足卻不甜膩，糖的使用量也減少許多，略為鹹香帶甘的滋味相當誘人。白蘿蔔滷過以後的滋味尤其迷人，淡雅的鹹中帶甘。吸滿滷汁的豆皮也非常美味，豆香暈染了醬香，煞是優美。

日常生活中我很喜歡這道菜，夏天吃起來尤其爽口。

份量

六人份

食材

白蘿蔔　一一七九克（約兩根）
排骨肉　四七〇克
海帶結　二一〇克
豆皮　一一〇克
龜甲萬甘醇醬油　一二五毫升
二砂　一大匙
甘草片　七片
水　蓋過食材

營養師的話

現在有許多調味料不再採用古法釀造，而是化學品。這道菜強調以老台菜的思維添加醬油，與糖尿病友應多攝取原型食物、減少使用化學添加物的觀念不謀而合。

甘草含有許多的活性成分，像是類黃酮（Flavonoids）具備抗氧化、抗發炎和保護肝臟的效果；多醣體（Polysaccharides）有助於調節免疫系統，並具備抗氧化和抗發炎的功效；植物固醇（Phytosterols）則能降低低密度膽固醇（LDL），對於心血管健康有一定的幫助。另外，甘草內含的甘草甜素，其甜度是蔗糖的數十倍，糖尿病友在享受甘草素帶來的甜味時，也降低了傳統糖類所帶來的身體負擔。

做法

① 排骨川燙，白蘿蔔洗淨去皮後切滾刀塊。
② 所有食材放入鍋中，依序加入一二五毫升醬油、一大匙二號砂糖、七片甘草片。
③ 加水蓋過食材，同時上爐子滷。
④ 待湯汁滾開後，再滷約三十分鐘即可。

營養分析

醣類（公克）	69.5
蛋白質（公克）	135.7
脂肪（公克）	87.0
總熱量（大卡）	1652.5

食物分類

全穀雜糧類（份）	0
豆魚蛋肉類（份）	17.4
蔬菜類（份）	13.9
油脂類（份）	0
水果類（份）	0
乳品類（份）	0

香｜菇｜肉｜餅

香菇肉餅這道菜看似樸素，但用到的巧思不少，許多食材巧妙處理後融於一體，滋味就繽紛了。

香菇肉餅的烹調訣竅是不要加太多鹽，雖然鹹一點比較好下飯，但是清淡一點、鹹度減少一點，反而更加可口美味。可別忘記了！要提供足夠的舞台讓各式食材散發美好，鹹味不是唯一主角，因此調味料千萬不能太搶戲，一來保持菜餚美味，二來還能換得健康的飲食。

做香菇肉餅在舊時代是一件大工程。早年沒有絞肉機，一切靠手工剁肉，主婦做得很辛苦。這年頭在豬肉攤買肉時可以請肉販幫忙絞肉，輕鬆又方便，蝦米和香菇切碎也很容易。

現在做香菇肉餅一點都不難，吃起來也很清爽，就是要注意鹹度，醬油若加多了會變重鹹，容易引起過度食欲，白飯很可能就會攝取過多，還會扼殺這道菜的細緻韻味。

份量

五人份

食材

絞肉	三一四克
乾香菇	十九克
蝦米	二十八克
紅露酒	一大匙
醬油	二・五大匙
白胡椒粉	〇・二五茶匙
香油	一茶匙

營養師的話

香菇是一種很適合糖尿病友食用的食材，內含諸如硒等微量元素，對於血糖的控制是有幫助的。

乾香菇的香氣濃郁，富含膳食纖維和維生素 D。維生素 D 能幫助人體鈣質吸收、維持體內鈣磷平衡，對於平時日晒不足或缺乏維生素 D 的人來說，是一種不錯的維生素 D 食材來源。

食譜中述及將泡開的香菇水瀝乾後再行烹調，這種手法能降低菜品的鹹度，也能大幅減輕糖尿病友的身體負擔。

做法

①香菇泡水、蝦米泡水。
②蝦米泡好後撈起，用菜刀來回切成細末，備用。
③將泡好的香菇擠乾水分，切除蒂頭，先切成香菇絲，再切成小丁狀，備用。
④絞肉放入鋼盆，倒入切碎的蝦米末、香菇細丁。
⑤加入一大匙紅露酒、二．五大匙醬油、〇．二五茶匙白胡椒粉、一茶匙香油，把所有的材料攪拌至均勻，然後略拋摔約五、六下。
⑥拋好的肉末放入扣碗中，平鋪。
⑦放入蒸籠蒸二十五分鐘。

食物分類

全穀雜糧類(份)	0
豆魚蛋肉類(份)	12.4
蔬菜類(份)	0.38
油脂類(份)	0
水果類(份)	0
乳品類(份)	1

營養分析

醣類(公克)	1.9
蛋白質(公克)	87.18
脂肪(公克)	63.2
總熱量(大卡)	946.12

肉｜片｜炒｜鳳｜梨

我怕酸，每次買到酸的鳳梨都吃得很辛苦。小時候奶媽婆婆喜歡買小顆的鳳梨花，酸得沒人吃，我一度懷疑如此酸的鳳梨怎麼吃，後來發現她將鳳梨花削皮後切片用來炒肉片，說也奇怪，炒出來的鳳梨就變甜了，吃起來不酸，豬肉還變得更軟嫩，大大出乎我的意料。

在那個鳳梨尚未改良的年代，不愛酸的我只有奶媽婆婆做肉片鳳梨時才吃鳳梨，長大後每次只要買到酸的鳳梨也都會拿來炒肉片。有趣的是，太甜的鳳梨炒起來的味道反而沒那麼好，只有鳳梨的甜，少了鳳梨誘人脾胃的酸香。

老台菜的飲食文化中，其實也有以水果入菜的。我的烹飪教室對面有一家整理得很乾淨的自助餐店，由一對姊妹經營，她們的家鄉在沿海地區，菜色總帶著特殊的沿海料理文化。有一次看她們把哈密瓜配點薑絲和鹽同炒，出於好奇心而品嘗，發現一點都不違和，完全沒加糖吃起來卻有點甜，而且那甜味一點也不膩口矯情，後來又嘗試了另一道是炒香瓜時加點肉末，同樣非常美味。

我從沒看過如此水果組合，姊妹倆告訴我，她們小時候家境不好，有些品質不佳的香瓜個頭小又不甜，她們就把香瓜削皮做成菜來吃，長大後看哈密瓜收成不好，農家想棄耕，便也如法炮製，把哈密瓜撿回家削皮下鍋炒，沒想到同樣挺受歡迎。這類構想在餐桌上、廚房裡都有可能出現出乎意料的美味，非常有趣。

份量

四人份

食材

鳳梨肉	一九二克
梅花頭肉片	二〇〇克
蔥	三十五克
蒜頭末	十二克
油	一茶匙
糖	〇．二五茶匙
鹽	一茶匙＆〇．二五茶匙
米酒	一茶匙＆一茶匙
水	十毫升

營養師的話

鳳梨內含鳳梨酵素，可以幫助分解豆、魚、肉、蛋等蛋白質，適量食用能促進人體消化與吸收，也能改善腹脹與消化不良，還有分解人體中的纖維蛋白以降低血管栓塞的作用。鳳梨中內含的生物類黃酮與多種維生素等物質則能幫助對抗自由基。

雖然鳳梨的升糖指數較高，但是適度的食用與選擇搭配之下，對於糖尿病友來說並不是完全不能碰。要特別注意的是，由於新鮮鳳梨比較會刮嘴巴，許多人會選擇罐頭鳳梨，這樣會使醣類的攝取過量。新鮮水果對於糖尿病友來說相對健康。

做法

①鳳梨去皮，先切成六等分，再切成細片。
②蔥洗淨後去除頭尾，切成約五公分長的段狀。
③肉片加入一茶匙鹽、一茶匙米酒，略微搓揉，靜置約五分鐘。
④炒鍋中倒入一茶匙油，再倒入蒜末先爆香。
⑤倒入醃好的肉片炒至半熟。
⑥加入一茶匙米酒續炒。
⑦加入切好的鳳梨，炒至鳳梨出水時再加入〇·二五茶匙鹽。
⑧炒的過程加入十毫升水。不時以鍋鏟壓壓鳳梨，使其更容易出水。
⑨最後加入〇·二五茶匙糖，讓鳳梨的酸味釋出。
⑩起鍋前加入蔥段略炒，即可起鍋。

營養分析

醣類（公克）	44.4
蛋白質（公克）	40.4
脂肪（公克）	62.0
總熱量（大卡）	898

食物分類

全穀雜糧類（份）	0
豆魚蛋肉類（份）	5.7
蔬菜類（份）	0.5
油脂類（份）	1.0
水果類（份）	1.8
乳品類（份）	0

肉絲鴻喜菇

家常菜好吃的祕訣在於食材元素要多，單炒總是讓人覺得乏味，味譜相較平淡。當食材種類多，彼此散發出自身的天然美味並共融於同一盤裡，那就像是上演交響樂曲，一入口就繽紛澎湃，從中細品還能感受更多層次，味譜豐富，自然誘人味蕾。

這道菜的重點在於肉質。很多人總覺得豬肉炒過的口感很乾柴，不喜歡吃，許多餐廳或店家因此會將肉搓揉過太白粉，以創造軟嫩的口感，但這做法會讓人無形中攝取過多不必要的澱粉，以健康角度來看並不理想。

這道菜我使用的肉質部位俗稱「小雪花」，位於松阪肉與梅花肉中間，由於不易取得，需仰賴有經驗的師傅取肉。小雪花的肉質特色在於滑嫩、Q彈又好咀嚼，不需要額外用太白粉醃製就能呈現肉質美味。

料理時用菇類創造不同的咀嚼感，再用些許薑絲帶來一絲清爽，最後添加少許紅露酒增加渾厚後韻，是一道讓人吃了容易有飽足感的簡易料理。

如果想享受不同的口感，將肉絲改成肉片效果一樣很好。

份量

五人份

食材

肉絲	一一一克
紅蘿蔔	九十七克（去皮後）
鴻喜菇	三〇〇克
黑木耳	九〇克
蒜頭末	三〇克
薑絲	十六克
油	一茶匙
紅露酒	一大匙
鹽	一茶匙
水	五〇毫升

營養師的話

菇類富含膳食纖維、維生素與礦物質，是現今崇尚健康飲食與注重養生的社會中常常使用的食材。已知許多菇類對於人體健康有益，比如鴻喜菇含有膳食纖維、多醣體，營養豐富又美味，很受民眾的喜愛。對於糖尿病友來說，鴻喜菇能促進胰島素的分泌，對於餐後的血糖調控也是有幫助的。

這道料理色澤豐富，添加了如蒜頭和薑絲等豐富的辛香料，並以酌量的紅露酒增添香氣與風味，利用嗅覺、味覺與視覺的衝擊讓人食指大動，食欲大增。與此同時，小雪花滑嫩易咀嚼的特色，以及鴻喜菇不同口感的交錯，對於牙口不好的糖尿病友來說，將是嶄新的享受。

做法

①紅蘿蔔洗淨去皮，刨絲備用。
②鴻喜菇洗淨，清洗時水不要太強。切除蒂頭，以手分撥較不易破損，備用。
③黑木耳洗淨，切絲。
④冷鍋下一茶匙油，開火，然後加入蒜頭末爆香。
⑤加入肉絲爆香。
⑥加入一大匙紅露酒，並依序加入鴻喜菇、黑木耳絲、紅蘿蔔絲，快速拌炒。
⑦加入五〇毫升水取代油的用量。
⑧加一茶匙鹽調味。
⑨最後加入薑絲，拌炒後即可起鍋。

備註 盛盤時不要裝盛湯汁。

食物分類

全穀雜糧類（份）	0
豆魚蛋肉類（份）	3.2
蔬菜類（份）	5.3
油脂類（份）	1.0
水果類（份）	0
乳品類（份）	0

營養分析

醣類（公克）	26.5
蛋白質（公克）	27.7
脂肪（公克）	21.0
總熱量（大卡）	406

台灣四面臨海，先民對海鮮的料理方式可說是成熟而多元。只要選對烹調方式，就能保存海鮮不同的滋味與特色，調味料使用愈少，愈能表現各式海鮮的自身美好。

還記得小時候大人拿到鮮魚的第一料理考量就是清蒸，其次是煎，第三才是紅燒，調味料堆疊得愈多，愈容易消弭海鮮的原味，失去原味的海鮮料理似乎也稱不上精湛大作。

然而，該如何保存海鮮原味又讓美味向上提升呢？老祖先早已給了答案，後續食譜將依序揭曉。

書中的魚料理全部以吳郭魚做示範，可不是說只能用吳郭魚，而是因為它的價格便宜、取得便捷。有些人嫌吳郭魚有「土味」，但如果連吳郭魚都能烹調出美味，用其他魚種更不成問題，大家可以依隨喜愛做各種變化。

考量到有些人吃魚不喜歡挑魚刺，有幾道菜色以魚片示範。我也試著用鯛魚片為主角，同樣是要讓大家知道，容易取得的鯛魚片也能做出美味的話，其他魚種當然也能蒸、烤、醬、燒，烹調出美味。

海鮮料理

白豆豉蒸魚

很多人想到清蒸鮮魚時，總直覺想到以薑絲、蔥絲相佐，唯獨遺忘了一項老食材，那就是白豆豉。以黃豆發酵的白豆豉會自然散發鹹鮮味，可以減少鹽的用量。

任何魚加白豆豉、薑絲一起蒸，再加點米酒去腥，味道都會變得相當完美，不用另外再加其他調味料，連鹽都不需要添加。魚的鮮味將被巧妙烘托，極為曼妙。

事實上，如果用新鮮的魚，不加米酒也無妨，因為白豆豉本身的味道夠香，加了薑絲互相拉提會更美味。另外，建議使用嫩薑，味道較清香，老薑比較暗沉。

白豆豉在老台菜的世界裡有巧妙的調味功用，用來炒水蓮或青菜也很搭，但量不能放太多，以免過鹹。

份量

五人份

食材

魚　五九二克
薑絲　二十六克
白豆豉　七十二克
米酒　一茶匙

營養師的話

魚肉是一種優質蛋白質，多吃魚肉對於糖尿病友的肌肉與認知功能都有很好的幫助。這道菜特重於選用新鮮的魚品，透過簡易的料理與調味料的減少，吃出原型食物的鮮甜。

白豆豉是中式料理中相當經典的食材之一，是黃豆經過發酵長出菌絲（有益菌）才稱為豆豉，與其他發酵食品一樣，氣味頗為強烈，嚐起來也有獨特的鮮鹹味，只需要添加一些，就能讓菜餚風味相當獨特。

做法

①將魚洗淨，去除鱗片，在魚背上斜劃幾刀，如此比較容易熟。

②取一魚盤，盤底鋪些許薑絲，再擺上魚隻，並在魚身上也鋪些薑絲。

③淋上白豆豉（含醬汁），再淋一茶匙米酒。

④放到蒸籠內，大火蒸十五分鐘即可。

食物分類

全穀雜糧類（份）	0
豆魚蛋肉類（份）	16.5
蔬菜類（份）	0.3
油脂類（份）	0
水果類（份）	0
乳品類（份）	0

營養分析

醣類（公克）	1.5
蛋白質（公克）	115.8
脂肪（公克）	53.7
總熱量（大卡）	953

金｜桔｜烤｜魚

金桔烤魚是一道太容易做的菜，巧妙呼應著台菜以水果入菜的文化。

以天然水果做為整體滋味的主角，調味料使用極少，全靠金桔釋放出天然的水果甜味與香氣，天然果酸使得魚肉的肉質相對軟化，更加鮮嫩多汁，是一道健康、便利，連外貌也非常討喜的便捷宴客菜。

我家以前種了一棵金桔樹，每當金桔結果變黃就會採收下來做金桔烤魚。這道菜可不是我發想的，而是當時讀國中一年級的小犬喜歡把採下的黃色金桔泡金桔茶，有一天我買回吳郭魚，他突發奇想拿鋁箔紙把金桔和魚包起來放入烤箱，烤熟後再將黃澄澄的金桔刺破，讓金桔汁流入魚肉裡。全家人嚐過後大為驚豔，發現魚肉無比鮮甜。

那段時間我家成熟的金桔統統被摘光，全都拿來做金桔烤魚。我從來不知道金桔烤吳郭魚如此合拍，檸檬片烤魚的味道反而不若金桔來得濃香。

這道菜的小祕訣是選擇較熟、色澤較黃的金桔，滋味會更香甜。現在外面買到的多是綠色金桔，若放多了，烤後的尾韻會有點苦味，但不明顯，只要不喝湯汁就好，還是一樣美味。

要特別說明的是，海鮮料理的示範我都是使用吳郭魚，但並不是非得用吳郭魚不可，而是倘若連吳郭魚都可以做，其他的魚應該也可以如法炮製。像這道金桔烤魚明明沒什麼調味，卻能透過金桔的香味掩蓋吳郭魚的土味。倘若家裡烤箱夠大，也可以換成鱸魚。

金桔烤魚的色彩斑斕繽紛，酸香氣息引誘著味蕾，自然甘甜的鮮嫩魚肉更是擄獲人心，如此簡單又健康的菜色不妨動手做做看吧！

份量

四人份

食材

吳郭魚　六四八克
金桔　二〇〇克
鹽　一茶匙

營養師的話

金桔富含纖維質能促進腸胃道蠕動，消除便祕與腹脹，豐富的維他命則有助於增強免疫系統，這些維生素同時也是天然的抗氧化劑。

雖然金桔屬於升糖指數較高的水果，但僅僅數顆就能為吳郭魚肉帶來鮮甜的滋味，畫龍點睛，也因為用量不多，對於糖尿病友的血糖影響不會太劇烈，但是仍然建議計算醣類食物攝取量，避免攝取過量的糖。

做法

① 吳郭魚去鱗並清洗乾淨，外表均勻抹上一層薄鹽。
② 在魚身上劃刀，使魚更能完全熟透。
③ 金桔清洗過後切半，塞入魚腹的劃刀縫隙。
④ 取一張錫箔紙鋪平，先放幾顆切好的金桔，再將處理好的魚隻擺上去。把錫箔紙完整裹好。
⑤ 烤箱預熱（上、下火二〇〇度）。
⑥ 烤二十五分鐘，即可上桌享用。

營養分析

醣類（公克）	15.0
蛋白質（公克）	129.5
脂肪（公克）	92.5
總熱量（大卡）	1447.5

食物分類

全穀雜糧類（份）	0
豆魚蛋肉類（份）	18.5
蔬菜類（份）	0
油脂類（份）	0
水果類（份）	1.0
乳品類（份）	0

酒沁吳郭魚

傳統台菜會用蒜頭酒做為蒸魚料理的要角，不需要過多調味料就能做出滋味鮮美、香氣撲鼻的美好料理。蒜頭酒蒸出的料理氣味深沉暗香，讓人陶醉，步驟簡單又製作迅速，短時間就能端出一道經典老菜。

蒜頭酒其實是利用了紹興酒的特殊味道和蒜頭一起浸泡，彼此滋味交融後，再淋到魚上一起蒸，品嘗時會有一股清香的蒜頭味，紹興酒香則轉化成一股不可言喻的深沉香氣，暗香撲鼻，不說還不知道裡面加了紹興酒。

魚只加了酒蒸出來的味道不濃又單調，若只加蒜頭味道依然平凡，但把兩種力量泡在一起三十分鐘以上，味道就恰到好處了。

小時候看到奶媽婆婆一大早就拿著紹興酒泡蒜頭，好奇問她「既然想喝酒，為什麼還要加蒜頭呢？味道比較不一樣嗎？」，她神祕地悄悄告訴我要幫忙保密，千萬不能告訴別人她做了蒜頭泡紹興酒。

晚餐時刻，奶媽婆婆端出酒沁魚，爸爸品嘗後直誇好吃，還忍不住喝了少少的湯汁，同時打破砂鍋問到底：「今天的蒜頭和魚真美味，有沒有加什麼東西？」，奶媽婆婆才吐實是她媽媽的娘家菜，「不使一點小心眼，食客還不好打發呢！」

雖然紹興酒泡蒜頭的味道迷人，但可不要耍小聰明，以為可以泡一罐紹興蒜頭酒慢慢用。我曾有此想法並嘗試製作，結果味道變得太濁，可能是泡太久了，蒸出的魚味道就沒那麼好。

後來我按部就班，每次做菜前半小時先拍顆蒜頭切成細粒，再倒入一些紹興酒浸泡，足夠一餐使用就好。使用的魚愈大，紹興和蒜頭的比例愈多，短時間就能端出一道經典老菜。

這裡我用的是吳郭魚，其實用吳郭魚來做這道菜有點可惜，買其他種類的鮮魚更好，只要自己喜歡、新鮮就好，連草魚也適合用這種方式來蒸煮。每次我教朋友做這道菜都頗受好評，希望也能擄獲大家的心。

份量
四人份

食材
吳郭魚 六五〇克
鹽 半大匙
蒜頭末 六〇克
紹興酒 三大匙

營養師的話

清蒸是一種對於糖尿病友身體有益的烹調方式，透過選用魚肉這一類低脂食材，佐以蒜頭酒香的無油料理，將有效補充優質蛋白質。

大蒜能夠減少心腦血管系統的脂肪堆積，並降低膽固醇水平、調節血壓來預防動脈硬化，也有助於提高胰島素敏感性，幫助糖尿病友穩定控制血糖水平。透過浸泡紹興酒，不但幫助萃取大蒜裡的有效成分，清蒸後也降低了酒精的成分，卻保有紹興酒的香氣。這道酒沁吳郭魚的食材味道豐富，種類卻相當簡單，也沒有多餘的調味料，對於糖尿病友的身體來說，更是減輕了不少負擔。

做法

①取蒜頭末和紹興酒放入一碗，稍微攪拌後略為浸泡一下，製成蒜頭酒。

②將魚洗淨，去除鱗片，在魚身上劃刀成交叉紋路。

③在魚身上均勻塗抹半大匙鹽。

④把處理好的魚放入深盤，淋上蒜頭酒。

⑤放入蒸籠，蒸約二十分鐘，即可上桌。

食物分類

全穀雜糧類（份）	0
豆魚蛋肉類（份）	18.6
蔬菜類（份）	0
油脂類（份）	0
水果類（份）	0
乳品類（份）	0

營養分析

醣類（公克）	15,0
蛋白質（公克）	130.0
脂肪（公克）	55.7
總熱量（大卡）	1021.4

醬燒魚

學習老台菜時，師傅們總是告訴我，食材互相搭配會撞擊出不同的味道，醬燒魚便是加入了蔬菜來醬燒，不用鹽、糖等調味料，單純使用醬油來提鮮。

此時的醬油用量不用多，讓醬香幽微地燒入魚肉裡，品嘗時將魚肉沾些醬汁就很夠味，千萬別求好心切使用太多醬油。

醬燒魚最大的祕訣就是在起鍋前加入芹菜，讓這道料理在最後關頭迸發出的味道帶有芹菜香。我曾經在醬燒魚最後忘了加芹菜，味道就變差了，可見芹菜在這道菜有畫龍點睛的作用，是省略不得的角色。

這裡示範的醬燒魚本身沒有先煎過或炸過，因為煎、炸過的肉質相對較硬，醬燒所需時間會比較長，但若是手邊有已經煎炸的魚隻，可以燒入味後就關火，以浸泡的方式讓魚肉更軟嫩、入味。

份量

四人份

食材

吳郭魚	四三九克
洋蔥	九十六克
芹菜	二十四克
紅蘿蔔	三十三克
蒜末	五克
水	一五〇毫升
醬油	一·五大匙
油	一茶匙

營養師的話

吳郭魚被稱為「水中的雞肉」，是一種低脂的優質蛋白質，含較少的飽和性脂肪，能夠為糖尿病友提供優質蛋白質來源，其富含的 Omega － 3 脂肪酸有助於降低膽固醇水平並改善心血管健康，對於糖尿病友的心血管功能有所益處。

芹菜除了在這道菜的味道上扮演了重要角色，也能夠增加細胞對於醣類的代謝，增加胰島素敏感性來幫助血糖調控，有益於糖友的血糖控制。

做法

①將魚洗淨，在魚背上斜劃數刀，以利滋味沁入。
②洋蔥去皮切絲備用，芹菜洗淨後切成四公分段狀備用。
③紅蘿蔔洗淨去皮後，刨成絲備用。
④取炒鍋，冷鍋加入一茶匙油，再放入蒜頭末以中火爆香。
⑤蒜頭香味釋出後，加入洋蔥絲爆香。
⑥待洋蔥絲的質地有些柔軟時，將魚隻放入鍋中，並且加入一五〇毫升水、一．五大匙醬油。
⑦蓋上鍋蓋悶煮，使醬味沁入。
⑧悶煮途中將魚隻翻面，並加入紅蘿蔔絲、芹菜段，繼續悶煮。
⑨悶煮過程約五分鐘，待魚熟透後即可盛起上桌。

食物分類

全穀雜糧類（份）	0
豆魚蛋肉類（份）	4.4
蔬菜類（份）	1.6
油脂類（份）	1.0
水果類（份）	0
乳品類（份）	0

營養分析

醣類（公克）	8.0
蛋白質（公克）	32.4
脂肪（公克）	18.2
總熱量（大卡）	325.4

炒|鯛|魚|片

魚料理可以做得很簡單，也可以很繽紛。

有些人吃魚擔心魚刺，其實只要買魚時請師傅幫忙片魚，只取魚片不要骨頭即可，這是烹調的變通之道。

這道炒鯛魚片特別想介紹給怕魚刺的朋友。鯛魚的取得不貴，鯛魚片也沒刺，不喜歡吃鯛魚的話可以改用鱸魚，只取清肉。

魚片先用些許調味料略醃入味的話，就會很好料理。如果還是擔心魚片沒味道，想讓香味更濃郁，可在冷鍋時加一大匙油，然後加入乾豆豉，以小火慢慢煨炒豆豉，直到豆豉香味四溢以後才開始料理。由於鯛魚不容易入味，借重豆豉能讓味道更容易浸入魚肉，用這種方式炒出來的鯛魚片足以擔當大菜。

份量

四人份

食材

鯛魚片	三七一克
洋蔥	八十八克
紅蘿蔔	三〇克
乾豆豉	六克
薑絲	三十一克
鹽	一茶匙
米酒	一大匙
香油	半大匙
油	一大匙
水	五〇毫升
紅露酒	一大匙

營養師的話

鯛魚是台灣全年盛產的魚種，富含優質蛋白質和低碳水化合物，有助於糖尿病友有效控制血糖波動。另一方面，鯛魚也含有豐富的不飽和脂肪酸 Omega-3，除了能降低糖尿病慢性炎症，也能減少心血管疾病發生的風險。

這道菜的口感鮮美軟嫩，拌炒豆豉、洋蔥、紅蘿蔔至軟爛，對於牙口能力較差的孩童或長輩來說，無疑是一道高蛋白質的美味料理。而烹調方式以加水煎炒的方式來降低油量的添加，對於糖尿病友的身體負擔也比較小。

做法

①鯛魚片斜切成約五公分寬的片狀。
②洋蔥洗淨，切成約三×三公分的片狀。
③紅蘿蔔洗淨後削皮，切片備用。
④取一碗放入一茶匙鹽、一大匙米酒與半大匙香油並混勻，把鯛魚片放入碗內，略微醃製五分鐘。
⑤冷鍋內加一大匙油，然後加入乾豆豉，用小火將豆豉爆香。
⑥放入洋蔥片和紅蘿蔔片，拌炒至軟爛。
⑦放入醃好的魚片拌炒，同時加入五〇毫升水、一大匙紅露酒，蓋鍋悶煮。
⑧起鍋前將薑絲放入，略微拌炒後蓋上鍋蓋並熄火。
⑨悶約兩分鐘後，起鍋。

營養分析

醣類（公克）	7.45
蛋白質（公克）	71.49
脂肪（公克）	30.0
總熱量（大卡）	606.76

食物分類

全穀雜糧類（份）	0
豆魚蛋肉類（份）	10.0
蔬菜類（份）	1.49
油脂類（份）	0
水果類（份）	0
乳品類（份）	3.0

蔭瓜苦瓜鱸魚湯

我的三舅來自於富裕的大家族，他跟我說過，他小時候最得不到外公諒解的就是「喜歡勇闖廚房」，探頭探腦看總鋪師們做菜，家丁見了總是催他離開，他還是賴著看。三舅認為看人做菜就像看一場秀。

當年勇闖廚房的三舅發現，長工吃的菜餚竟然和家裡餐桌上的不同，以為外公限定了長工們的菜色。問過廚房才知道，長工們阿舍菜吃久了，想念家的味道，便利用空檔在廚房裡做一些自己的家常菜。長工們認為他們吃飯主要是吃飽，菜餚必須要下飯才會受歡迎，阿舍家的人勞動力低，必須吃得巧、吃得少，兩種不同需求的人，對菜餚的詮釋不會一樣。

三舅就是這樣吃到了蔭瓜苦瓜鱸魚湯，驚為天人的他忍不住告訴外公這道菜的美味。也許三舅天生是美食家，形容得太傳神，外公聽了很心動，要求廚房也做蔭瓜苦瓜鱸魚湯，彷彿忘了曾經禁止三舅前往廚房。

三舅說那時正值盛暑，暑熱降低人的胃口，蔭瓜苦瓜鱸魚湯一上桌，家族成員嚐了一口無不嘖嘖稱奇，滋味極為繽紛明亮，誘人脾胃，一鍋湯很快就被吃光了。

這道湯品非常甘醇可口，苦瓜也很入味，少了那特有的苦澀感，讓不敢吃苦瓜的人都能敞開心胸大啖，只能以「雅」字來形容，既開胃又有古風。

早期人們會自己醃蔭瓜，我小時候吃到這款湯品，蔭瓜是長工家醃的。現在很難找到自家醃製的蔭瓜，多是罐頭，味道略偏，但還是有小時候的影子，只是不夠渾厚、甘甜。

時代變化，醬菜類食品醃得好的人逐漸凋零，有些功夫就失傳了，現代人也比較不喜歡吃醃製品，但偶一為之我認為無妨，想喝時就來一碗吧！

份量

四人份

食材

鱸魚　一尾（約六〇〇克）
苦瓜　半條（約一五〇克）
蔭瓜罐頭　一罐
米酒　一茶匙
水　一六〇〇毫升

營養師的話

鱸魚的質地軟，很適合年長者食用。經常食用鱸魚不僅可以補充營養，增強機體免疫力，還可以降低心血管病變等糖尿病併發症風險。此外，鱸魚含有豐富的維生素與礦物質，並可促進胰島素分泌來調節血糖，對於糖尿病友來說是一種低脂的優質蛋白質食物。

苦瓜內含苦瓜皂苷、苦瓜素、多胜肽等，具有降低血糖與改善血脂等功能。

蔭瓜罐頭是加工的高鹽食品，一小罐蔭瓜含有四〇〇〇毫克鈉（十克鹽），多數在湯汁中，建議糖尿病友飲用湯品一碗即可（約一八〇毫升）。

做法

① 鱸魚洗淨後，切成約四公分塊狀，備用。
② 苦瓜洗淨後去籽，切成厚度約一．五公分的半圓片狀。
③ 鍋中放入約一六〇〇毫升的水、切好的苦瓜片，開火滾煮。
④ 待苦瓜煮至八分熟，呈現略微透明的狀態時，隨即放入蔭瓜、蔭瓜汁與鱸魚，繼續煮至鱸魚熟透。
⑤ 倒入一茶匙米酒，即可上桌。

營養分析

醣類（公克）	12.5
蛋白質（公克）	63.0
脂肪（公克）	45.0
總熱量（大卡）	703

食物分類

全穀雜糧類（份）	0
豆魚蛋肉類（份）	9.0
蔬菜類（份）	2.5
油脂類（份）	1.0
水果類（份）	2.0
乳品類（份）	0

蝦｜丸

我很喜歡煮蝦丸，也會自己做。前往賣魚漿的攤位買魚漿時，我會多買一些白蝦來做蝦丸，若有火燒蝦不妨也買來試試。火燒蝦和白蝦的蝦丸味道不一樣，多了一股特別的鮮味，很迷人。

做蝦丸很容易，只要照著食譜做就可以，不用添加任何調味料。最主要的關鍵是一定要將蝦丸逐一擠到放冷水的鍋子裡面，擠完之後才開火，然後拿鏟子稍微鏟一下以免黏鍋。還有，一看到蝦丸浮上來就要趕快撈起來，千萬不要等水滾才撈。

為什麼不等水滾了再下鍋？因為蝦和魚漿遇到熱水會急縮，煮出來的味道就少了鮮甜味。為什麼不等鍋裡的水滾了再撈？因為煮得過熟，蝦丸裡的鮮度就會流入湯內，蝦丸少了鮮味就不好吃了，美味平白流入湯裡有些可惜。

煮的時候會出現白色泡沫，不用急著撈出泡沫，最後再撈即可。

剩下的湯充滿了鮮甜味，可以留下來當高湯使用，品嘗時就將這鍋高湯當湯汁來煮，也可以加點冬菜、冬粉，煮開以後再放入蝦丸，就是一鍋澎湃豐富的蝦丸冬粉湯。

份量
五人份

食材
虱目魚漿　三〇〇克
蝦仁　一四〇克
冬菜　十五克
芹菜　半支
白胡椒粉　一茶匙（可酌量調整）
冬粉　一把

營養師的話

蝦子的熱量較低，又是低脂與高蛋白的食物，適當吃一些蝦對於糖尿病友是有益的。而且蝦子內含大量的鎂、硒、鈣等礦物質，也能幫助糖尿病友身體的醣類代謝與控制。

除了蝦肉，蝦丸內含的虱目魚肉同樣是一種好的蛋白質來源。另一方面，雖然冬粉的升糖指數較低，每把冬粉三十克仍約含三十克醣類，所以若添加了冬粉，做成蝦丸冬粉湯，糖尿病友為了血糖控管或體重控制，每日的營養攝取仍需加入冬粉的熱量與碳水化合物量來做計算。

做法

① 先準備半鍋的常溫冷水。
② 蝦仁切成約半公分粒狀後，放入魚漿中，用手將兩者混合均勻。
③ 以一手的虎口擠出魚漿成球狀，另一手以湯匙舀起，放入鍋中的冷水裡。
④ 待所有魚漿都放入水中後，先以鍋鏟輕鏟鍋底以免魚漿沾黏，然後再開中火煮。
⑤ 待蝦丸浮上水面時即熟（水不用滾），撈起蝦丸。
⑥ 此時的高湯中會有些許漂浮物，這是蛋白質，以細網撈起後，在高湯中加十五克冬菜，灑點芹菜粒、白胡椒粉，即是蝦丸湯。
（若是另外在湯中加入冬粉，即成蝦丸冬粉湯）

營養分析

醣類（公克）	0
蛋白質（公克）	81.0
脂肪（公克）	51.5
總熱量（大卡）	819.5

食物分類

全穀雜糧類（份）	2.0
豆魚蛋肉類（份）	11.5
蔬菜類（份）	0
油脂類（份）	0
水果類（份）	0
乳品類（份）	0

蝦|菇|丸|湯

這道湯品簡單又方便，我甚至拿來宴客。

我小時候吃過這道湯品，為了還原它的原味，我抓了好久的比例。當年師傅只教我「一小撮、一小撮」放，根本很難計算實際用量，為了還原黃金比例，我失敗了好多次才得到滿意的味道。

使用虱目魚漿的原因是味道濃中帶有清甜，旗魚漿的味道比較淡。做法很簡單，先把蝦米、香菇泡過變軟後，撈起切成碎末，和著魚漿攪拌均勻就可以開始製作了。切記不要因為自己的喜好而加入太多蝦米、香菇。若怕魚漿黏手，可準備一碗水，製作時偶爾沾一點水，將手沾溼就不會黏了。

做好的魚漿一定要冷水下鍋，全數擠成球狀並放入鍋中後，才開火煮。看到一顆顆魚丸浮上來就撈起來，才能保留魚丸的美味，此時的魚丸已經熟了。千萬不要煮過熟，煮個不停，魚丸裡的鮮味都釋放到湯裡面，徒然得到一鍋好湯，魚丸吃起來卻沒什麼味道。

高湯也不用另外再煮，煮過魚丸的湯最甜美，泡沫撈掉加點冬菜味道更鮮甜。別忘了冬菜也會鹹，冬菜加多了，甚至連鹽也不用加。如果不喜歡冬菜可以不放，斟酌加鹽來調味，再倒入丸子。

這款湯品還能做個小變化，抓一點冬粉入鍋，讓冬粉徜徉於美好的湯頭，吸附滿滿精華，散發濃郁海鮮香氣的脆彈蝦菇丸搭配低熱量的冬粉，變成份量充足的一餐。

份量

四人份

食材

虱目魚漿　三八〇克
蝦米　七・五克
香菇　七・五克
冬菜　十五克
芹菜　半支
白胡椒粉　一茶匙（可酌量調整）
冬粉　一把

營養師的話

蝦菇丸主要材料是虱目魚，而虱目魚的特色就是魚肉細緻、好入口，含有豐富的優質蛋白質。此外，虱目魚還含有豐富的膠質，以及鈣、磷、鉀、鎂、鐵、鋅等微量營養素與豐富維生素，也具有高含量的多元不飽和脂肪酸，能幫助調降血壓與膽固醇，對於糖尿病友的心血管有所助益。

另一方面，如同食譜所述，糖尿病友享受這一道美味佳餚時，冬菜的添加適量即可，不要加太多，讓自己吃得太鹹。

做法

①蝦米和香菇泡水，備用。
②先準備半鍋的常溫冷水。
③泡好的蝦米、香菇切成細末，放入魚漿中。
④將魚漿與香菇、蝦米以手充分攪拌均勻（若黏手可以沾點水）。
⑤以一手的虎口擠出魚漿成球狀，另一手以湯匙舀起，並且放入鍋中的冷水裡。
⑥待所有魚漿都放入水中後，先以鍋鏟輕鏟鍋底以免魚漿沾黏。
⑦開中火煮，待蝦菇丸浮在水面上時即熟（水不用滾），撈出。
⑧此時的高湯中會漂浮物，這是蛋白質，以細網撈起後，在高湯中加冬菜十五克，灑點芹菜粒、白胡椒粉，即是蝦菇丸湯。
（若是另外在湯中加入冬粉，即成蝦菇丸冬粉湯）

食物分類

全穀雜糧類（份）	2.0
豆魚蛋肉類（份）	10.5
蔬菜類（份）	0
油脂類（份）	0
水果類（份）	0
乳品類（份）	0

營養分析

醣類（公克）	30.0
蛋白質（公克）	73.5
脂肪（公克）	47.5
總熱量（大卡）	841.5

醬燒蝦

醬燒蝦是蝦料理中最簡單的一道，每次我在日常餐桌或宴客做這道菜，端出後一定盤底空空，受歡迎的程度不難想見。

早年用紅露酒入菜相當稀鬆平常。別小看紅露酒這一類黃酒，入菜後總能帶出料想不到的深遠香氣，醬油、蒜頭、紅露酒三大巨頭相聚擦出的火花更是相當曼妙，讓這道菜的滋味顯得極為繽紛。鮮蝦的甘甜鮮味映襯著些許酒香，蒜頭末入口帶來些許辛辣感，在香濃醬香中顯得格外融洽，偶爾溢出的蝦膏沁入醬中，那味道實在迷人到無法自拔。

製作時千萬不要加太多醬油，因為醬油碰上紅露酒自然會變得濃郁，再加上鮮蝦香味，更顯醬香十足。

以往做醬燒蝦我不會多此一舉先剝掉白蝦的蝦殼，帶殼的蝦直接炒才炒得出香味。有次因為家人懶得剝殼，備料時我先體貼地去除了全部的蝦殼，沒想到炒出來的醬燒蝦乏善可陳，一點都不美味，全家人抱怨連連，懷念過去含蝦殼的醬燒蝦滋味，我的美意一點都不受歡迎。所以別小看一個小步驟的差別，帶殼的蝦下鍋炒，香味絕對值得。

份量

五人份

食材

帶殼白蝦 三八七克
蔥 一支（約十五克）
蒜頭末 四十五克
醬油 一大匙
紅露酒 一大匙
水 十毫升
油 半茶匙
香油 ○．二五茶匙

營養師的話

對於海鮮的認知，一般人總認為是一種高膽固醇的食物，但事實上，白蝦是一種低脂並優質的蛋白質食物，且內含較少的飽和性脂肪，可為血脂異常者提供優質蛋白質。另一方面，蝦子內含的碳水化合物不高，因此升糖指數也不高，對於在進行體重控制的糖尿病友來說，更是一種很好的食材。

由於這道菜是以爆炒的方式來烹調，享受美食的同時，糖尿病友仍需注意攝取量，一般以不超過八到十隻白蝦為原則。

做法

①蔥洗淨，切成長約五公分的蔥段，備用。
②炒鍋中加入半茶匙油，開大火，將蒜頭末爆香。
③待蒜頭的香味釋出，隨即放入白蝦拌炒。
④依序加入一大匙醬油、一大匙紅露酒、十毫升水，繼續翻炒。
⑤待蝦子熟後放入蔥段，同時淋上〇・二五茶匙香油，即可上桌。

營養分析

醣類（公克）	3.0
蛋白質（公克）	37.0
脂肪（公克）	20.6
總熱量（大卡）	345.4

食物分類

全穀雜糧類（份）	0
豆魚蛋肉類（份）	5.2
蔬菜類（份）	0.6
油脂類（份）	1.0
水果類（份）	0
乳品類（份）	0

活｜鱿｜魚

活魷魚並不是指拿活生生的魷魚當生魚片吃，而是燙過的發泡魷魚。

五十年前這道活魷魚可是有名的點心，也是高檔小吃，有些賣炒鱔魚意麵的業者還會兼賣活魷魚。

料理活魷魚最大的祕訣是必須掌握川燙的時間。我一看到魷魚在滾水中開始捲起就迅速撈出冰鎮，以免一時失手變得過老，或是時間掌握不夠還沒熟，每次做都戰戰兢兢。撈起來後我會直接泡冰水或冷水，不要刻意煮得過熟，肉質太老會顯得口感硬，那就乏人問津了。

醬汁是活魷魚這道菜的靈魂，照著底下的方式做一定大受歡迎，尤其是炎熱的夏天，冰鎮後的魷魚鮮甜滑嫩、口感脆彈輕巧，搭上冰涼涼的口感實在爽口。

現在到菜市場購買發泡過的魷魚，大多數業者會先切好紋路，回家就可以直接做。若買到沒切好的魷魚，自己動手持刀在魷魚表面斜刻，便能亮麗上桌。

份量

四人份

食材

發泡魷魚　一條（約六〇〇克）
嫩薑　三片
番茄醬　三大匙
醬油膏　二．五大匙
細砂糖　一大匙
水　兩大匙

營養師的話

魷魚富含蛋白質及磷、鐵和鋅等營養素，因飽和脂肪酸含量低，食用後並不會升高體內膽固醇。

簡單的川燙處理能保留魷魚的原味與營養，再淋上醬汁以後，就是一道營養價值高、低脂肪、低熱量的清爽菜餚。

做法

① 嫩薑切末。

② 發泡魷魚切花，先從內部切出格紋，再切成長約十公分、寬約二·五公分的塊狀。

③ 煮一鍋水，水滾後放入切好的魷魚塊。

④ 待魷魚呈捲曲狀就撈起，沖冷水，盛盤。

⑤ 取一個小碗，把嫩薑末、番茄醬、醬油膏、細砂糖和水拌勻，即成調味料。

營養分析

醣類（公克）	25.0
蛋白質（公克）	67.9
脂肪（公克）	4.85
總熱量（大卡）	415.25

食物分類

全穀雜糧類（份）	0
豆魚蛋肉類（份）	9.7
蔬菜類（份）	0
油脂類（份）	0
水果類（份）	0
乳品類（份）	0

白蝦茭白筍

逛傳統市場是我日常生活中非常重要的一環，除了找尋新鮮食材，更重要的是和攤商互動，這是一個尋寶的過程，也讓我意外獲得白蝦茭白筍這道佳餚。

有次我吃膩了茭白筍炒肉絲，想做點改變，買菜時和熟識的攤商訴說心裡的渴望，想吃不一樣的茭白筍料理，兩人一致認為加入黑木耳能增加口感，攤商還建議加入蝦仁增加蝦味，跳脫原本只炒肉絲的味道。

沒想來到賣蝦子的攤位，聊到想做茭白筍炒蝦仁，賣蝦婦人認為這樣一來會把這道菜做小了，建議使用較大隻的白蝦。我原本想蝦仁味道比較濃，擔心換了白蝦味道會不足，賣蝦婦人卻很堅持，我便買了較大隻的白蝦取代蝦仁，想不到效果非常好，蝦子的鮮味絲毫不遜色，口感特別飽滿豐厚，搭上清脆口感的茭白筍，讓人大大滿足，瞬間變成了一道大菜。

上市場我喜歡和懂得做菜的攤販討論做菜技巧，不論是賣魚、賣肉或賣蔬菜，每位攤販都有其專擅，還會分享其他顧客的烹調方式，擦出的火花有時還真令人驚豔，也是我逛傳統市場的一大樂趣。

份量

三～四人份

食材

茭白筍	三一〇克
黑木耳	一二二克
去殼白蝦（生）	一七二克
蒜頭	六粒
鹽	一茶匙
白胡椒粉	〇．二五茶匙
米酒	一大匙
水	五〇毫升
油	一大匙＆一茶匙

營養師的話

茭白筍又有「美人腿」封號，在台灣五月到十月都是產季。清甜的茭白筍搭配蝦仁，讓人能同時吃到蔬菜與蛋白質。

黑木耳有「身體清道夫」之稱，因含膳食纖維與多醣體等活性成分，能幫助增強免疫力。

茭白筍的爽脆口味與黑木耳的Q彈交織而成的特殊口感，很可能讓人不自禁想多嚐幾口，但因黑木耳含有維生素K，凝血功能異常或使用相關藥物的人請依照食譜比例食用，勿過量。

做法

①茭白筍去殼、洗淨，切片後再切成粗絲，備用。
②黑木耳洗淨，切成粗絲，備用。
③白蝦加一大匙鹽揉搓後，沖水洗淨，備用。（此步驟可讓白蝦口感較脆）
④蒜頭切小碎塊，備用。
⑤加一大匙油入鍋，加入蒜頭爆香。
⑥茭白筍下鍋。
⑦加一大匙米酒拌炒。
⑧加入黑木耳絲。
⑨加一茶匙鹽、〇．二五茶匙白胡椒粉，繼續拌炒。
⑩加五〇毫升水，加蓋悶煮三分鐘。
⑪掀蓋，加入白蝦稍稍拌炒，再加蓋悶煮一分鐘。
⑫淋一茶匙油，拌炒，起鍋。

營養分析

醣類（公克）	21.5
蛋白質（公克）	28.1
脂肪（公克）	30.2
總熱量（大卡）	470

食物分類

全穀雜糧類（份）	0
豆魚蛋肉類（份）	3.4
蔬菜類（份）	4.3
油脂類（份）	4.0
水果類（份）	0
乳品類（份）	0

炸｜黑｜輪

這款極為日常的料理原貌或許大大顛覆了大家的想像。

你印象中的炸黑輪是什麼顏色？可能你會說是咖啡色，或者增減一兩個色階吧！或許你會好奇為什麼我炸的黑輪一點都不黑，顏色甚至白白的？

我曾在屏東東港看到一家賣炸黑輪的攤子，用乾淨的油炸，每一條炸好的黑輪都白皙無瑕，顏色十分乾淨，呈現魚漿的原始色澤，客人的購買欲卻很低。過一陣子再去，發現生意變好了，攤位增加了一鍋熱油，湊近一看發現油色較深，看得出裝的是回鍋油。老闆說客人若嫌黑輪顏色太白，他就放到回鍋油裡炸一下，剎那間白黑輪變成咖啡色，銷量立即變好，只因這是大家既定印象的炸黑輪色澤。

原以為別人都和我一樣喜歡吃用清油炸出來的白黑輪，沒想到事實擺在眼前，很多人還是選擇看起來比較習慣的黝黑黑輪。我好奇詢問為什麼不選白黑輪，色澤黯沉的黑輪是用回鍋油炸的，並不健康，沒想到一旁的客人竟告訴我「這是一種視覺上的感受」，白色就不是黑輪了，大家都受到刻板印象的制約。

回鍋油對身體並不健康，在有選項的情況下，我建議大家選擇健康的飲食。新鮮魚漿用新鮮油炸，色澤雖然和刻板印象不同，但滋味一點也沒差別。

這裡分享的製作方式極為簡單，完全依靠魚漿表現自身的美味，建議向熟識且有信用的店家購買魚漿，魚漿摻的粉愈少，對身體自然愈沒負擔。粉少有個小小的缺點，那就是外型不容易太工整，但手作的健康好滋味不應該受限於外觀。不論是色澤或外型，都應該讓健康與美味超越既定想法，並將正確的觀念帶給家人。

份量
兩～三人份

食材
虱目魚漿　三〇〇克

營養師的話

許多人喜愛的黑輪其實是半加工食品，添加了澱粉與油脂，熱量、油脂和醣量都比較高些，對糖尿病友來說，這些添加物甚至對身體帶來了額外的負擔。

另一方面，由於成本效益的緣故，外面的攤販常常多次使用回鍋油，對於身體健康更有不良影響，也是建議糖尿病友少吃外食的重要原因。

經由這道食譜的介紹，糖尿病友可以在家自己製作原型的虱目魚黑輪料理，既享受美食，也吃得比較健康。

不過，此道菜餚共含三十三克醣類（碳水化合物），約相當於半碗飯量，食用時請酌量減少當餐主食份量。

做法

①先起一油鍋以大火預熱。
②待油熱，轉中火。
③將魚漿放在一塊板子上，右手以手刀方式切出長條塊狀。
④把魚漿塊輕輕放入鍋中油炸。
⑤待魚漿浮上油面，就可以用筷子輕戳豐厚處，若無沾黏即代表熟透。

備註 油鍋內的油愈新，炸出來的魚漿色澤略白，若用舊油才會深一點。

食物分類

全穀雜糧類（份）	0
豆魚蛋肉類（份）	6.0
蔬菜類（份）	0
油脂類（份）	3.0
水果類（份）	0
乳品類（份）	0

營養分析

醣類（公克）	33.0
蛋白質（公克）	42.0
脂肪（公克）	45.0
總熱量（大卡）	705

炸｜蔬｜菜｜魚｜漿

我的奶媽婆婆非常擅長做菜。我們這群小孩從小就不喜歡吃蔬菜，奶媽婆婆因為照顧我們家兩代人，累積了很多經驗，就將平時做蔬菜餅的概念修正，將蔬菜餅中的麵粉改為魚漿，做成「紅蘿蔔黑輪」，以大量紅蘿蔔兌入魚漿，天然的香甜滋味配上新鮮魚漿的鮮味，自然擄獲孩子們的心。尤其紅蘿蔔的色澤將黑輪暈染得極為繽紛，外表討喜之外，更為黑輪添增不一樣的口感。

奶媽婆婆的巧思成了全家人的最愛，她也會把紅蘿蔔換成牛蒡等蔬菜，讓孩子們不自覺喜歡上蔬菜的美味。

若想更豪華些，還可以加入蝦仁丁，鮮嫩魚漿中夾雜蝦仁的脆感，讓口感充滿更多驚喜。

我印象最深刻的是，每次奶媽婆婆製作這道菜，我們這群孩子都會搶著當廚房幫手捏魚漿，再由大人放入油鍋，過程相當有趣，今日回想則是絕佳的飲食教育。

如今我炸好紅蘿蔔黑輪有時會先冷凍起來，要吃的時候再拿出來解凍，放入烤箱微烤即可，十分方便。

份量
四人份

食材
虱目魚漿　三〇〇克
紅蘿蔔　一一〇克

營養師的話

類似大阪燒與什錦天婦羅的炸蔬菜魚漿是一道老少咸宜的料理，對於食欲較差且熱量攝取不足者，不啻為提升熱量和蛋白質攝取的佳餚。

由於油炸後熱量較高，約含有相當於3／4碗飯的醣量，油炸後請瀝乾油脂再吃。若是糖尿病友或體重過重者，則酌量減少當餐飯量和用油量，對於身體的負擔較小。

做法

①紅蘿蔔洗淨削皮，刨成絲，然後放入魚漿中。
②以手均勻混合。
③起一油鍋，先轉大火將油預熱。
④待油熱後轉中火，一手取拌好的魚漿，另一手以手刀方式撥出片狀（球狀亦可）。
⑤輕緩地把魚漿放入鍋內油炸。中途需以鍋鏟輕鏟鍋底，以免魚漿黏鍋。
⑥待魚漿浮起，取筷子輕戳魚漿豐厚處，若不沾黏即為熟透，可起鍋。

備註 油鍋內的油愈新，炸出來的魚漿色澤略白，若用舊油才會深一點。

食物分類

全穀雜糧類（份）	0
豆魚蛋肉類（份）	6.4
蔬菜類（份）	1.1
油脂類（份）	6.0
水果類（份）	0
乳品類（份）	0

營養分析

醣類（公克）	40.7
蛋白質（公克）	45.9
脂肪（公克）	62.0
總熱量（大卡）	904.4

對很多人而言，炒青菜是一件簡單的事，其實當中有許多學問，只要邏輯對了，一道簡單的炒青菜也可以變得不凡。我常聽到有人說不喜歡吃蔬菜，背後原因不外乎認為青菜料理平淡無奇，沒有太大變化，很容易吃膩，有些蔬菜甚至滋味貧乏，很難引誘味蕾。

有一陣子我常吃外面的便當，每次看到便當盒裡的三格蔬菜配菜總是皺眉頭，因為菜色看來極為平淡，份量也少，根本不夠一餐蔬菜攝取量，久而久之，連深愛蔬菜料理的我也興趣缺缺。

到餐廳點菜我有個特殊習慣，什麼都點，就是不點蔬菜料理。有一次服務人員好奇詢問：「為什麼不在一堆葷菜中加一份青菜，是否個人偏食不喜歡吃青菜？」，我忍不住說出心聲，「到外面吃飯早有心理準備是豐盛的大餐，如果再來一道油膩的青菜，我可受不了。」

廚師常常為了賣相好，想方設法讓青菜看起來更翠綠油亮，便用大量的油增添賣相，都吃了大魚大肉還要再來一份油膩的青菜，既是味蕾負擔也是健康壓力，這挑戰我的底線。我不點蔬菜，也不接受「隨便炒」

蔬食

的青菜。

回顧老祖先的餐桌會發現，不論是富裕人家的日常料理、飯桌仔的熱門菜色，蔬食料理都極為豐盛，一點也不敷衍含糊。先民運用許多烹飪巧思與食材搭配，讓平淡的青菜華麗轉身，從配角變成讓人無法忽視的耀眼主角，每回上桌，芬芳香氣與誘人口味都讓五臟廟難以抗拒。細細端詳這些佳餚，簡單、健康、多樣是共同語言，既不怕吃得負擔，也不擔心蔬菜攝取量不足。

千萬別小看老智慧，回頭一望，絲毫不過時，反倒極為雋永。

沙茶炒空心菜

小時候因為家裡經商，家中大人忙碌，請了幫傭為一家人張羅飯菜。極具好奇心的我總溜進廚房，想知道食材如何變成菜餚，看著刀鏟在幫傭手中揮舞輪轉，逐漸也看出些心得，並發現很多人炒菜總有固定公式。

比如小白菜切成一段段後加薑絲同炒，只加鹽，炒空心菜拍個蒜頭搭配就充數，茄子切段後再拍個蒜頭一起煮開，苦瓜用些許薑絲悶煮，冬瓜切片後加幾片薑絲、鹽巴就登場，總之就是搭個蒜頭或薑絲，而且是二擇一，調味也只有鹽花而沒有其他，端出的菜色外表清湯掛麵，一片極簡般的素淨，滋味直白單調，沒有多餘的味蕾想像空間，難怪我們家大人小孩都不愛吃青菜。

自從奶媽婆婆來我家幫忙後，掀起了我家的蔬菜革命。她發揮巧思，讓簡單的青菜繽紛登場，上桌後總迅速被一掃而空。

第一次吃到空心菜加沙茶粉時，特殊的味道讓我相當驚奇。空心菜入口後的尾韻帶著些許神祕感，多了股濃郁陳厚的芳香，繽紛交雜卻不突兀，瞬間將平淡的炒空心菜帶到另一境界，家中小孩都很喜歡。

後來每次奶媽婆婆炒菜大夥都會好奇圍觀，表面上說是想知道晚餐吃什麼青菜，實則好奇她用了什麼祕密武器。我發現她炒菜時用了沙茶粉，除了炒空心菜，也炒波菜、油菜、芥藍菜，甚至娃娃菜。

早年台灣沒有沙茶醬，沙茶醬直到二戰之後才隨著潮汕人的移居傳入，而在那之前的日治時期，沙茶粉便已悄悄跟隨早期經商的潮汕人口進入台灣。沙茶粉是由蝦米、扁魚等乾貨，佐以五香之類的中藥香料組成，乾爽好保存，入菜能為餐桌帶來一股神祕的誘人香氣，為簡單蔬菜料理增添不凡色彩。

份量
三人份

食材
空心菜 二九〇克
蒜頭末 十五克
油 一茶匙
米酒 一大匙
沙茶粉 十克
水 五〇毫升
鹽 〇·二五茶匙

營養師的話

空心菜富含膳食纖維，不但有助排便與預防便祕，其含有的類似胰島素成分，對於糖尿病友的血糖控制也有幫助，又因為鉀含量較高，還能降低罹患中風、高血壓、骨質疏鬆和腎結石的風險。當然，若是腎衰竭或高血鉀患者，則應避免食用菜汁，以避免攝取過多的鉀離子。

如今沙茶罐頭容易取得，傳統沙茶粉的美味已漸漸被人遺忘，但沙茶粉辛辣香鹹，調味風味突出，既開胃又消食，相對於含有過多添加物且熱量較高的沙茶罐頭，若能使用沙茶粉，對於糖尿病友的身體負擔將減少很多。

做法

①空心菜先切除根部後再沖水洗淨，切成段狀。

②炒鍋中加入一茶匙油，並倒入蒜末爆香。

③加入空心菜，大火快炒。

④加入一大匙米酒、十克沙茶粉與五〇毫升水續炒，再加入〇・二五茶匙鹽調味。

營養分析	
醣類（公克）	20.2
蛋白質（公克）	4.6
脂肪（公克）	7.9
總熱量（大卡）	170

食物分類	
全穀雜糧類（份）	0
豆魚蛋肉類（份）	0
蔬菜類（份）	3.1
油脂類（份）	1.0
水果類（份）	0
乳品類（份）	0

炒｜甜｜豆

老台菜的餐桌上，蔬食料理往往不會單一上桌，總需要由眾多陪襯共譜一曲華麗樂章。老祖先智慧的鐵律是菜餚元素多，自然就好吃。好比脆脆的甜豆單炒會稍微有青澀的菜味，並不是很討喜，但如果加入豆皮、肉絲和黑木耳，元素就變多了。

再來，按照黃酒入菜的邏輯，以紅露酒取代米酒，散發出來的渾厚香氣就是絕搭。我曾經嘗試這道菜改加米酒，卻顯得不夠大氣，正確來說是氣味不夠誘人，紅露酒的話，香味大不相同。

眾多食材簇擁中，甜豆自身的香甜會更加鮮明，豆皮吸附了充足滋味，黑木耳帶來另一種脆感，肉絲則為整道菜增添味蕾厚度，讓這道菜不僅美味，更擁有膳食纖維和動植物蛋白質。

分享一個好吃小祕訣：肉絲中巧妙加入少量白胡椒粉，為菜色增添一絲豐厚度。很多老台菜都喜歡少量添加白胡椒粉，認為如此可以消脹氣、去風邪，是非常有趣的生活智慧。

份量

四人份

食材

甜豆	二一〇克
豆皮	一七四克
黑木耳	四十八克
肉絲	一六〇克
蒜頭末	九克
鹽	半茶匙＆半茶匙
米酒	一茶匙
白胡椒粉	〇·二五茶匙
油	一大匙
紅露酒	一大匙

營養師的話

相對於豌豆仁、綠豆和紅豆屬於全穀雜糧類，甜豆屬於蔬菜類，多吃可以增加飽足感，建議糖尿病友多多攝取。蔬菜類富含的膳食纖維也能幫助腸道菌叢的維持，對於血糖的調控同樣大有好處。

與甜豆相同，黑木耳也富含膳食纖維，可以維持腸道健康、降低膽固醇、延緩血糖上升。

這道具有紅露酒香氣的菜餚，對於糖尿病友的血糖或心血管功能來說，都相當有好處。

做法

① 肉絲加半茶匙鹽、一茶匙米酒、〇.二五茶匙白胡椒粉搓揉後，備用。
② 豆皮切絲備用。
③ 黑木耳洗淨，切絲備用。
④ 蒜頭末入鍋，加一大匙油爆香。
⑤ 倒入肉絲炒熟。
⑥ 加入甜豆、黑木耳絲、豆皮絲，再加一大匙紅露酒續炒。
⑦ 加半茶匙鹽調味，起鍋。

營養分析	
醣類（公克）	13.5
蛋白質（公克）	75.5
脂肪（公克）	45.4
總熱量（大卡）	765

食物分類	
全穀雜糧類（份）	0
豆魚蛋肉類（份）	10.4
蔬菜類（份）	2.7
油脂類（份）	1.0
水果類（份）	0
乳品類（份）	0

樹子炒水蓮

老台菜裡有許多經典配料，運用度極廣，甚至能讓一道簡單的蔬菜料理產生許多變化。好比若善用樹子醬，青菜就會變得可口許多，讓清淡的炒青菜散發一股回甘的鄉野菜風味。

樹子又稱破布子，對現代人來說似乎是很遙遠的食材，日常生活中好像愈來愈少使用。樹子醃製過後散發著微微甘鹹，在台灣的飲食歷史裡已存在許久，除了能用來蒸魚，炒蔬菜的滋味更是絕美。

近年很常見到水蓮的身影，這種富含膳食纖維的蔬菜遇上樹子將激盪出美好的味道，上桌時散發出清香，隨著水蓮入口，更能感受到樹子微甘的魔力，很是討喜。

平日想買農家醃好的樹子可能不容易，那就買一罐樹子罐頭放在家中備用吧，炒水蓮時可以加點樹子同炒，蒸魚時加入適量的樹子也能讓料理更增味。

樹子有籽，若做給長者或小孩要小心一點，或者直接使用罐頭裡的湯汁來炒菜，不加樹子，既避免了可能的困擾，味道也同樣不差。但別忘了樹子罐頭的醬汁有鹹味，加鹽時要適當減量，否則會變成重口味的菜色。

份量

三人份

食材

水蓮	一五六克
樹子（含汁）	六〇克
蒜頭末	十克
油	半大匙
水	十毫升

營養師的話

水蓮又稱龍骨瓣莕菜、野蓮與水皮蓮，口感爽脆。水蓮的熱量不高卻有豐富的營養素，內含的鈣與鎂為二：一黃金比例，可以幫助鈣質的吸收、改善失眠的狀況。

此外，水蓮豐富的膳食纖維也能改善腸道菌叢，進而幫助血糖的控制，豐富的含鉀量則可以改善因為外食與重口味所導致的水腫問題，惟對於腎功能較差的糖尿病友來說，則需要依食譜的建議量食用，注意不要攝取過多。

樹子粒具有健胃整腸的功能，但含有較高的醣類及鹽分，請依照食譜比例攝取，勿過量。

做法

① 水蓮洗淨，切成約六公分長的段狀。
② 鍋中加入半大匙油，開大火將蒜頭末爆香。
③ 蒜香四溢後，倒入水蓮，同時加入樹子和十毫升水（加水可以減少油的使用），繼續翻炒。
④ 炒至水蓮熟透，即可上桌。

營養分析

醣類（公克）	20.5
蛋白質（公克）	3.2
脂肪（公克）	9.2
總熱量（大卡）	187.2

食物分類

全穀雜糧類（份）	0
豆魚蛋肉類（份）	0
蔬菜類（份）	1.7
油脂類（份）	1.5
水果類（份）	0
乳品類（份）	0

龍｜鬚｜菜｜炒｜樹｜子

除了炒水蓮，樹子也可以用來炒龍鬚菜。龍鬚菜的纖維細嫩，單純用蒜頭炒的滋味實在無趣，借重樹子便能獲得鹹甘滋味，熱炒店、海產店經常看到，日常餐桌同樣能快速上桌。

炒龍鬚菜的樹子醬用量可以多一點，讓味道更鮮明，輕鬆做出農村菜的味道。添加米酒則能與樹子激盪，散發一股誘人香氣。

如果希望龍鬚菜的口感嫩一點，費點功夫耐心撕除外層粗纖維，口感會更好。

我介紹這道菜最大的目的是希望現代人別忘了樹子，樹子用來炒菜自帶甜味，不需要借助任何糖便能將其滋味特色發揮至極大，減少使用各式調味料。我小時候有次吃到樹子炒苦瓜，頓感驚為天人，苦瓜的苦澀被樹子柔化，不由得讓我卸下心防，忘卻了自己害怕苦瓜的記憶。

份量

四人份

食材

龍鬚菜	四七六克
樹子醬	六十二克
蒜頭	八克
油	一大匙
米酒	一大匙
水	五〇毫升
薑絲	十六克

營養師的話

龍鬚菜為佛手瓜的嫩芽，生長非常快速，所以少有病蟲害，也較無農藥殘留之疑慮。龍鬚菜的熱量極低，而且零膽固醇，更含有豐富的膳食纖維與礦物質，對於正在進行體重控制的糖尿病友來說是一種很好的食材。

另一方面，龍鬚菜在中醫裡屬於較為性寒的食材，透過薑絲爆炒的手法除了可以中和寒性，更能增添滋味。

做法

①龍鬚菜洗淨，切成約五公分的段狀。
②炒鍋中加入一大匙油，將蒜頭爆香。
③倒入龍鬚菜爆炒，並加一大匙米酒。
④略炒之後倒入樹子醬，同時也倒入五〇毫升水，繼續拌炒。
⑤炒至菜葉變軟時，加入薑絲。
⑥熄火，約略拌炒後即起鍋。

營養分析

醣類（公克）	33.7
蛋白質（公克）	6.5
脂肪（公克）	16.7
總熱量（大卡）	311

食物分類

全穀雜糧類（份）	0
豆魚蛋肉類（份）	0
蔬菜類（份）	5.0
油脂類（份）	3.0
水果類（份）	0
乳品類（份）	0

鹹|魚|炒|豆|芽

鹹魚炒豆芽是我最喜歡和大家分享的一道菜，這是一道海邊人家的經典家常菜，以食材自身滋味為主軸，調味料加得很少，非常有趣。

早年生活節儉，食材與資源取得不易，如何物盡其用，考驗著先民的生活智慧，靠海的生活也擁有獨特的飲食智慧。

好比漁獲量大時，就把多餘的魚抹鹽晒成魚乾，成串掛在通風處，要吃時再拿來煎。若沒吃完，下一餐再煎一次又可上桌，若再不行就再煎一次，根本捨不得丟。

但是，魚乾一再煎過後會變得太乾柴，難以吸引人，先民便發揮智慧，把煎過的魚切成小丁，拿來炒豆芽菜。如此快炒出來的鹹魚炒豆芽極為可口，鹹魚因為失去了水分所以吃起來脆脆的，豆芽卻鮮甜多汁。一乾、一多汁；一鹹、一甜，為味覺帶來巧妙衝擊，吃一口，鮮味十足，清爽鹹香，自成一番風味。

時至今日，鹹魚乾沒那麼普遍，我會買醃過的真空包裝鯖魚代替，切塊後在鍋中煎過，再加豆芽炒出鹹香味。

值得注意的是，鹹魚早就抹鹽醃製過，做這道菜時鹽要放少一點，最主要的鹹味來自於鹹魚本身。建議做最後調味時先嚐一口，否則一不留神就會太鹹。還有一個小提醒，白胡椒粉自帶些許鹹味，調味時要注意一下。

份量

四人份

食材

鹹魚	八〇克
豆芽菜	三六〇克
蒜頭	兩粒
水	五〇毫升
鹽	〇·二五茶匙
白胡椒粉	一／八茶匙

營養師的話

豆芽菜除了升糖指數低，熱量也不高，更富含許多非水溶性的膳食纖維，可以透過維持腸道菌叢來預防便祕，內含的大豆異黃酮對於穩定血糖也有幫助。但是由於豆芽菜屬於高普林食物，有痛風者應減量或避免攝取。

另一方面，由於鹹魚本身含鹹味，應如同食譜建議，於鹹魚與豆芽菜拌炒完成後，先行嘗試味道再酌量加鹽，如此一來除了可避免攝取過多的鹽分，也更能吃出豆芽菜的鮮甜。

做法

① 鹹魚煎熟，在外表呈現略略乾澀狀態時取出。稍微放涼後，將魚切成小細丁。
② 不洗鍋，鍋內的煎油留用。
③ 蒜頭拍碎，下鍋爆香。
④ 加入豆芽菜和五〇毫升的水，翻炒。
⑤ 添加極為少許的鹽和白胡椒粉調味。記住，鹹魚本身已有鹹味，略加調味料提味即可，添加過多會死鹹。
⑥ 豆芽菜煮至六分熟時，倒入碎鹹魚，一起均勻翻炒，完成。

營養分析

醣類（公克）	0
蛋白質（公克）	19.7
脂肪（公克）	26.9
總熱量（大卡）	392.9

食物分類

全穀雜糧類（份）	0
豆魚蛋肉類（份）	2.3
蔬菜類（份）	3.6
油脂類（份）	4.0
水果類（份）	0
乳品類（份）	0

白蘿蔔炒蝦皮

夏天炎熱，總是本能地想尋找一絲清爽滋味，最好是做法簡單不費事又美味。我喜歡做白蘿蔔炒蝦皮。你可能會想，夏日的白蘿蔔不如冬日美味，為什麼喜愛呢？因為夏日吃白蘿蔔感覺清爽又降火氣，食材只要處理得宜，自然無比美味。

這道懷舊料理做法很單純，只要削掉白蘿蔔外皮、刨絲，然後爆炒蝦皮，幾乎不用加太多調味料，風味就已絕佳。這是因為蝦皮本身略帶鹹味，白蘿蔔本身略甜、單吃就很爽口的緣故。若不想加太多鹽，蝦皮可以多放一點，如此調味料用得更少，更健康。

每次做這道菜和朋友分享，大家都說好吃，卻猜不出這道菜的基底，相當神祕。還有人說吃起來像冬瓜卻又不像冬瓜，很難相信答案是白蘿蔔絲炒蝦皮。

烹調訣竅在於把白蘿蔔悶得很軟，先把白蘿蔔絲煮過後再調味。白蘿蔔在煮的過程中會釋放水分，太早放調味料會不小心變得滋味過濃。乾鍋爆香蝦皮則能添增迷人的海味。

這道菜入口軟嫩，白蘿蔔的香甜在海味襯托下尤其迷人，既爽口又開胃。盛盤時建議瀝乾湯水，菜湯雖然鮮甜，但為了避免攝取過多鈉，不建議多喝。

份量

五人份

食材

白蘿蔔	一〇七〇克
蝦皮	二〇克
二砂	半茶匙
鹽	半茶匙
白胡椒粉	兩克
油	一大匙
水	二五〇毫升

營養師的話

糖尿病友容易缺鈣並造成骨質疏鬆，而蝦皮含鈣量高，適量搭配可以補充鈣質。白蘿蔔屬於十字花科蔬菜，富含多種抗氧化物質，如蘿蔔硫素、芥子油苷等，且本身含水分高，透過燉煮過程軟化，適合牙口不良者。

這道菜在蝦皮的鹹味與白蘿蔔的甜味絕妙搭配下，由鹹與甜兩者的衝擊，可以引領出食材真正的美味。透過這樣的烹調手段與策略，糖尿病友在享用美食之餘，也能因為降低調味料的使用，減少身體的負擔，實為「老台菜」箇中奧義。

做法

①白蘿蔔洗淨、削皮後，剉成白蘿蔔絲。

②取一炒鍋，冷鍋放入蝦皮，接著轉極小火爆香，當蝦皮香味四溢時再倒入一大匙油。

③放入白蘿蔔絲，並且加入二五〇毫升的水，轉大火拌炒。

④悶煮至白蘿蔔絲軟嫩，開鍋。

⑤下少許白胡椒粉，略為調味。

⑥加入半茶匙二砂、半茶匙鹽調味，繼續拌炒均勻。

⑦盛盤時不要盛出湯汁，更健康爽口。

營養分析

醣類（公克）	53.5
蛋白質（公克）	17.7
脂肪（公克）	3.0
總熱量（大卡）	322.5

食物分類

全穀雜糧類（份）	0
豆魚蛋肉類（份）	1.0
蔬菜類（份）	10.7
油脂類（份）	0
水果類（份）	0
乳品類（份）	0

鴻｜圖｜大｜展

我喜歡在傳統市場和攤商聊天，一起聊著過去的料理，共同發想一些新穎的家常菜，發掘美味是我們的共同話語。

鴻喜菇在現在的餐桌上大受歡迎，我煮湯或煮火鍋時也會加鴻喜菇，有一次嘗試將鴻喜菇搭配玉米筍下鍋同炒，發現味道頗佳，從此以後每次買鴻喜菇一定再買玉米筍，將這兩種不同口感的青菜放在一起炒，變成我的黃金組合。

我不加米酒而是加紅露酒，這是我的祕密武器，稱之為「鴻圖大展」。誰想得到加了紅露酒能讓鴻喜菇的味道更傑出呢？玉米筍也更加香甜，明明沒加糖，激盪出來的鮮甜味道卻讓人實在很滿足，一切層次感都來自於紅露酒。

其實這法子是效法老祖先的料理結晶，早年富裕人家常以黃酒入菜，以此添增菜色韻味的厚度，是米酒所不能及的。

這道色彩繽紛的蔬食料理口感同樣多元，帶有天然香甜的玉米筍口感清爽脆彈，搭配軟嫩的鴻喜菇，一脆一嫩，味蕾衝擊極為巧妙，再運用早年祖先的智慧以些許紅露酒為調味靈魂後，更為簡單的蔬菜料理帶來一絲深沉的味蕾美感，呈現出老台菜的曼妙。

份量
六人份

食材

玉米筍	三二七克
鴻喜菇	三三八克
蒜頭	十八克（兩大匙）
油	一大匙
紅露酒	一大匙＆一茶匙
水	五〇毫升
醬油	一大匙
鹽	〇．二五茶匙

營養師的話

紅露酒是由糯米與紅麴釀造而成，而紅麴中含有像是monacolin 等許多的成分，具有明顯調節血脂肪、降低膽固醇的作用，除此之外，這些成分也具有調控血糖的效果，在酒精的釀造下，能增加這些活性物質的萃取，但在烹調過程中酒精則會揮發掉，去蕪存菁以外，更能增添風味。

此道純蔬食料理搭配了雙色食材，富含纖維與植化素，不但對糖尿病友的身體有益，更能在鴻喜菇軟嫩與玉米筍鮮脆的口感衝擊下，享受色、香、味俱全。

做法

①蔬菜洗淨、蒜頭切碎，備用。
②玉米筍斜切成小塊，鴻喜菇去除蒂頭後分成小段，備用。
③炒鍋中放入一大匙油，開火，放入兩大匙切好的蒜頭爆香。
④放入切好的玉米筍，淋上一大匙紅露酒拌炒。
⑤加入五〇毫升水與鴻喜菇，持續翻炒，同時倒入一大匙醬油調味。
⑥蓋上鍋蓋將食材悶熟。
⑦加入〇．二五茶匙的鹽提味。
⑧起鍋前，加入一茶匙紅露酒並拌一下，隨即關火，完成。

食物分類	
全穀雜糧類（份）	0
豆魚蛋肉類（份）	0
蔬菜類（份）	6.7
油脂類（份）	3.0
水果類（份）	0
乳品類（份）	0

營養分析	
醣類（公克）	33.3
蛋白質（公克）	6.7
脂肪（公克）	15.0
總熱量（大卡）	301.3

烤｜香｜菇

我發現懶人菜對現代家庭來說極為重要，對我來說也不例外，總想簡單做菜又能營養均衡，美味更是重點。這烤香菇就是十足的懶人菜，不用開爐火，不需費時照顧。

有時候工作忙碌，猜想晚上沒什麼時間做菜，或是預想回家後不想再動鍋鏟，我就會在早上出門前先將新鮮香菇洗好、切薄片，放在鋁箔紙上灑一點水，撒上些許嫩薑絲再包起來，放入冰箱，晚上回家後直接放進烤箱烤，稍稍梳洗一下出來就有一道青菜可吃，讓做菜變得很輕鬆。

烤香菇時，我會加上些許嫩薑絲，烤好以後打開鋁箔紙，一股特殊香氣躍然而出，這不僅是紅露酒的功勞，嫩薑絲也帶來了一絲鮮明的辛辣香味。香菇加上嫩薑絲彼此交融，幽微辛辣的滋味讓人感到滿足，原來味蕾可以換得生活的喘息。

香菇除了可拿來烤，也可以先爆香薑絲、香菇切片，再放入鍋裡並加水，加蓋悶煮一下，起鍋前再淋點香油，同樣非常好吃。

我發現香菇只要切得愈薄，煮出來愈美味，不喜歡香菇的人都會吃。

份量

兩人份

食材

新鮮香菇	一〇七克
嫩薑絲	二十六克
香油	一大匙
鹽	半茶匙
白胡椒粉	一克
紅露酒	半大匙

營養師的話

除了清蒸與滷製，利用「烤」的無油烹調，也是一種對於糖尿病友來說相對健康的烹調手法。

香菇是一種富含膳食纖維的食材，這道烤香菇利用烤的手法，不額外添加油品來烹調，完成了一道低脂、低熱量與高纖的菜餚。

鮮嫩的香菇搭配辛辣的薑絲，能不斷地衝擊著味蕾，在舌尖跳動，既簡單又特別美味。

做法

①香菇洗淨，切成薄片。

②取一張鋁箔紙，在鋁箔紙內均勻塗抹一大匙香油。

③擺入切好的香菇片、嫩薑絲、半茶匙鹽、一克白胡椒粉、半大匙紅露酒。

④用鋁箔紙把食材完整包裹起來。

⑤小烤箱預熱（上、下火一八〇度）五分鐘。

⑥放入食材包，烤十分鐘。

營養分析

醣類（公克）	6.65
蛋白質（公克）	1.33
脂肪（公克）	0
總熱量（大卡）	31.92

食物分類

全穀雜糧類（份）	0
豆魚蛋肉類（份）	0
蔬菜類（份）	1.33
油脂類（份）	0
水果類（份）	0
乳品類（份）	0

炒｜白｜精｜靈｜菇

最近市場流行白精靈菇，攤商老闆娘告訴我乾炒就很好吃，我好奇如何能在餐桌上歷久不衰，她說不一定要大魚大肉相佐，不起眼的簡單食材就能立大功，加一點豆皮絲，再加些肉絲，立刻繽紛起來。

回家後我照她的建議做，果真變成了一道受歡迎的菜。

這讓我想起奶媽婆婆說的「元素要多」，一道菜只要元素多，自然就好吃，這句話在我心中簡直是鐵律。

奶媽婆婆說自己沒讀過什麼書，但她媽媽教她炒青菜時，配料種類愈多愈好吃，而不是調味料加得多才好吃，因為調味料一多，口感會過於厚重，滋味也會太複雜，吃沒幾口就膩了。

以當今的健康角度思考，這觀念極為正確呀！若用烹飪的角度思考，這正是老台菜的中心思想，靠調味料堆疊不是真功夫，善用食材滋味才是真底蘊。

然而，要堆疊得有道理。白精靈菇口感較脆，豆皮絲有點軟，肉採用鮮嫩的部位，三種元素集於一堂，自然吸引人，還兼顧了蛋白質與蔬菜。

製作時要記住幾個關鍵：白精靈菇的口感求脆，不要炒得過老，豬肉我選用小雪花，穠纖合度的肉絲能讓口感更加細緻。

份量

三人份

食材

白精靈菇　四〇〇克
豆皮　一七〇克
肉絲　一六〇克
蒜頭末　十二克
鹽　半茶匙&半茶匙
香油　〇·二五茶匙
白胡椒粉　〇·二五茶匙
油　一大匙
紅露酒　一大匙
水　一大匙&半杯

營養師的話

白精靈菇嚐起來既鮮脆又沒有菇腥味，久煮也不失其脆度，菇類特有的多醣體則能調節免疫力，還富含膳食纖維，可以幫助排便。

白精靈菇含硒，男性多攝取硒可防攝護腺癌，而這些微量元素對於糖尿病友的血糖調控同樣大有助益。

鮮脆的白精靈菇口感、軟嫩的炒豆皮絲與Q彈的炒肉絲，在三種不同口感的食材交織之下，讓這道菜成了一席能讓糖尿病友享受的交響盛宴。

做法

①白精靈菇洗淨、切段。
②豆皮切絲。
③肉絲加半茶匙鹽、〇・二五茶匙香油、〇・二五茶匙白胡椒粉，搓揉後醃製約五分鐘，備用。
④冷鍋加一大匙油，放入蒜頭末爆香。
⑤鍋中加入肉絲、一大匙紅露酒和一大匙水，炒熟。
⑥加入豆皮絲續炒。
⑦加入白精靈菇與半杯水續炒。
⑧最後再加半茶匙鹽調味，完成。

營養分析	
醣類（公克）	20.5
蛋白質（公克）	76.2
脂肪（公克）	56.6
總熱量（大卡）	896

食物分類	
全穀雜糧類（份）	0
豆魚蛋肉類（份）	10.3
蔬菜類（份）	4.1
油脂類（份）	3.3
水果類（份）	0
乳品類（份）	0

茄子炒肉絲

小時候，愛做菜的爸爸做茄子料理，喜歡將茄子加醬油悶煮一下就上桌，或是乾炒加鹽，甚至水煮後放至冰涼，沾著蒜頭醬油吃。這些烹調方式讓茄子變得軟爛，口感怪怪的，所以那時的我不敢吃茄子。

奶媽婆婆發現我幾乎不吃悶煮茄子，不希望我養成偏食習慣的她，有一天特地叫我到廚房看她示範一道茄子炒肉絲，強調是特地為我做的菜。

那時我正值換牙期，缺牙的我吃肉非常費力，所以也不喜歡吃肉。奶媽婆婆買來俗稱小雪花的梅花頭肉，切成肉絲，用蒜頭加醬油爆煮。所謂的爆煮就是在鍋子很熱時，醬油冷不防地嗆下去，讓鍋內揚起一陣煙，竄出一股迷人香味。那股香味真的很特別，說是鑊氣也不對，還帶了股醬香味，最後再加茄子悶煮。

那時我認為，煮法明明一樣，而且我咬不動肉，根本不想接受。

奶媽婆婆不動聲色，埋頭認真切起嫩薑絲，在茄子炒肉絲起鍋前放入薑絲稍微蓋住，沒想到只不過是添加了薑絲，就讓我突然聞到一股撲鼻香味。

奶媽婆婆引導我先吃一塊肉試味道。肉絲入口，我感覺肉很嫩、很香，和原先想的不一樣。她又要我鼓起勇氣吃一口茄子，味道還真不錯。後來她將茄子和肉夾一起讓我同時入口，剎那間改變了我對茄子的印象。

醬香完美融入茄子中，薑絲與紅露酒替這道菜帶來更寬廣的味蕾樣態，除了醬香味外還有股說不出的渾厚感，更因為薑絲又多了個明亮滋味，軟嫩肉絲將嫩滑的茄子襯托得合理，一切組合極為完美，從此我就愛上了茄子。

份量

四人份

食材

茄子 三一七克
肉絲 九十七克
蒜末 八克
油 一大匙
醬油 一・五大匙
紅露酒 三大匙
水 一〇〇毫升
糖 〇・二五茶匙
薑絲 十三克

營養師的話

茄子富含花青素與黃酮苷（nasunin）等抗氧化劑與鉀離子，這些營養素有益於血管壁和血壓正常功能，因此多吃茄子對於糖尿病友的心血管功能是有所幫助的。

透過食譜中分享的烹調方式，牙口不好的糖尿病友也能享用軟嫩的茄子炒肉絲，大啖美食。

做法

①茄子洗淨並切除頭尾後，先直切成四等份的長條狀，再切成小截。
②炒鍋內加一大匙油，以小火慢慢爆炒蒜末。
③加入肉絲與茄子拌炒。
④開大火讓鍋子熱，待鍋熱時從鍋邊加入一．五大匙醬油，此時醬油嗆入所產生的香氣會非常迷人，然後依序加入三大匙紅露酒、一〇〇毫升的水、〇．二五茶匙糖調味。
⑤調味完成後，蓋上鍋蓋悶煮。
⑥悶煮過程偶爾開蓋翻炒，使茄子完全入味。
⑦起鍋前，加入薑絲略微拌炒均勻，然後蓋上鍋蓋並熄火，略悶一分鐘。
⑧掀蓋盛盤，湯汁不要盛入盤中。

備註 薑絲一定要加，一方面統合整盤菜的味道，一方面也抵銷茄子的味道。

食物分類

全穀雜糧類（份）	0
豆魚蛋肉類（份）	3.23
蔬菜類（份）	3.38
油脂類（份）	3.0
水果類（份）	0
乳品類（份）	0

營養分析

醣類（公克）	18.2
蛋白質（公克）	25.99
脂肪（公克）	31.15
總熱量（大卡）	457.11

炸|菜|丸

炸菜丸是我幼時的美好記憶。五十年前街頭巷尾都有賣炸菜丸的攤子，媽媽一大早就買一碟炸菜丸回來當早餐，大人吃清粥配菜丸和醬菜，小孩子嘴刁、挑食，早餐餐桌上各式蔬食料理有許多藉口成為拒絕往來戶，炸菜丸卻好吃到我可以單吃，裡面有很多紅蘿蔔和豆芽，吃起來很甘甜，意外讓我胃口大開。

小時候覺得菜丸個頭不小，長大後發現原來它不大，一顆菜丸裡的青菜包羅萬象，紅蘿蔔、豆芽菜、高麗菜、芹菜、韭菜輪番上陣，混合起來激盪的香氣讓人垂涎，尤其是芹菜香。

如今賣炸菜丸的攤子愈來愈少，當我想和朋友聯誼時就會準備炸菜丸，手裡不斷擠著一顆顆菜丸下鍋炸，時而用筷子戳戳菜丸看是否炸熟了，熟了就撈起來瀝油。每次菜丸一上桌，朋友就爭相來筷搶吃一空，甚至要求多炸一點，準備帶回家和家人分享，因為家中小孩只喜歡吃炸菜丸而不吃蔬菜。後來朋友們都來和我學做菜丸，希望讓孩子們認識蔬菜的美好，慢慢接受更多蔬菜料理。

老祖先真的很聰明，發明了炸菜丸，解決小孩不喜歡吃蔬菜的困擾，剛起鍋時吃，燙燙的卻很酥脆，放涼了軟軟的也容易入口。若沒吃完下一餐想回味酥脆的口感，放烤箱烤一下就行了，甚至搖身一變成為極方便的派對小食。

餐桌上有菜丸登場時，當天的餐桌菜色我通常會刻意安排素雅些，搭配少量的主食，燙一些青菜相輔，或者端上簡單料理的肉類，讓整餐的口味更加淡雅，所有滋味都以菜丸為主角，不喧賓奪主，讓味蕾得以休憩。

份量

十人份

食材

高麗菜	六〇〇克
紅蘿蔔	一四五克
豆芽菜	三八〇克
韭菜	六〇克
芹菜	一三八克
鹽	一大匙
白胡椒粉	一茶匙
豌豆粉或麵粉、酥脆粉	約三杯
水	約一杯

營養師的話

透過蔬菜的攝取增加，轉而降低碳水化合物的攝入，一直以來都是糖尿病友控制血糖的策略之一，但卻不是每個人都喜歡蔬菜類的食材。

透過老台菜的烹調手法做成的香脆順口炸菜丸，相信會讓許多糖尿病友攝取蔬菜的動機大增。菜丸中使用的材料，也都是對血糖控制有所助益的。

然而，因為裹粉油炸，澱粉與含油量稍高些，食用當餐應酌量減少半碗飯量，並搭配其他的少油烹調料理，如清蒸、滷、涼拌、烤等菜餚，以平衡當餐的澱粉和油量的攝取。

做法

①所有蔬菜洗淨，高麗菜切碎、紅蘿蔔去皮刨絲後切碎。
②芹菜切成小粒、豆芽菜切成段，韭菜切成小截（與豆芽菜相似尺寸）。
③將所有切好的蔬菜放入大盆中用手抓、拌，混勻。
④加入一大匙鹽、一茶匙白胡椒粉調味。
⑤以少量多次的方式，一點一點地加入豌豆粉（或麵粉、酥脆粉）。
⑥將粉與蔬菜攪拌均勻，攪拌過程適量加入水（約一杯），同時一邊用手拌勻、一邊捏壓，使蔬菜黏起來。
⑦取一大鍋，倒入油約七分滿，再開中火加熱。
⑧左手取菜將之擠成一坨圓球，右手以湯匙挖起菜球，放入油鍋炸。
⑨菜球裝到油鍋約八分滿時，爐火火力才轉至全開。
⑩讓菜丸炸至金黃色，隨即撈起瀝油。趁熱吃。

備註 粉與水需視手勁、空氣溼度做調整，若手勁愈大，青菜愈容易出水。欲知菜丸是否炸熟，可用筷子戳一顆，不沾黏即為炸熟。

食物分類

全穀雜糧類（份）	17.0
豆魚蛋肉類（份）	0
蔬菜類（份）	13.23
水果類（份）	0
乳品類（份）	0
油脂類（份）	15.0

營養分析

醣類（公克）	321.15
蛋白質（公克）	13.23
脂肪（公克）	75.0
總熱量（大卡）	2012.52

炸|蔬|菜|餅

談起炸蔬菜餅就想到我讀國小那年代，家裡有果汁機可是一件很酷的事，因為果汁機是當年的高科技廚房家電。那時哥哥有點近視，媽媽買來果汁機，把紅蘿蔔切塊加水放進果汁機攪碎成果汁，每天放學回家後，小孩全部要到廚房喝媽媽所謂的「人參果汁」。因為不像現在都會加蜂蜜或芹菜調味，小孩子對紅蘿蔔的特殊味道有點排斥，喝得很辛苦。

奶媽婆婆知道小孩的苦衷後，推出自製的蔬菜餅，把紅蘿蔔刨成絲加麵粉下鍋炸，也可以稱為「紅蘿蔔餅」。

一群愛玩的孩子下課回家肚子早就餓了，哪等得到晚餐，剛炸起來的蔬菜餅脆脆的、甜甜的，非常好吃，一下子就被小孩子吃完。此時紅蘿蔔散發自身香甜味，惱人的特殊氣味全數消散，孩子們感受口口酥脆並發出讚嘆，無形中吃下了很多紅蘿蔔，炸蔬菜餅成了我們下課後最愛的點心。可見偏食不是蔬菜本身的錯，調整料理手法後就得以解決。

份量

五人份

食材

紅蘿蔔 一五〇克
麵粉 一六五克
水 一四〇克

營養師的話

紅蘿蔔的營養相當豐富，內含成分不但可以降低血糖與血壓，ß胡蘿蔔素還能維持正常視力和免疫功能，改善因為糖尿病所導致的視網膜病變，建議糖尿病友多吃。

由於氣味特殊，有些人可能無法接受一次吃很多紅蘿蔔，此道料理便是透過美味的提升，增加接受度。

做法

① 紅蘿蔔洗淨去皮，刨絲備用。
② 取一鋼盆倒入紅蘿蔔絲、麵粉，接著以手輕柔拌勻。紅蘿蔔有自然甜味，不需要調味。
③ 略加點水使其黏稠。
④ 取一油鍋，開大火預熱，待油熱後，轉成中火。
⑤ 取調好的蔬菜粉團，以手捏成扁平狀下油鍋炸。
⑥ 用長筷輕敲蔬菜粉團，狀態略硬，即可起鍋。

營養分析

醣類（公克）	131.25
蛋白質（公克）	1.5
脂肪（公克）	37.5
總熱量（大卡）	868.5

食物分類

全穀雜糧類（份）	8.25
豆魚蛋肉類（份）	0
蔬菜類（份）	1.5
水果類（份）	0
乳品類（份）	0
油脂類（份）	7.5

煎|麵|粉|粿

談到煎麵粉粿心裡可是五味雜陳。這道菜誕生於曾經的辛苦歲月。

美援時期，很多人拿到麵粉卻不知道能做什麼料理，畢竟台灣不盛產小麥，麵粉料理極少，只能到處打聽、學習，農村與接受美援的家庭便出現了「煎麵粉粿」。

三十年前我首次聽聞麵粉粿，一群婆婆媽媽聊著小時候的生活點滴，談起那時生活辛苦、每天吃地瓜籤，有了配給麵粉，總算能擺脫地瓜籤配地瓜葉的日子。家中長輩會把蔬菜切一切拌著麵粉加水做成麵糊，下鍋煎成麵粉粿，飲食選擇多了點變化，因此成為眾人心中塵封已久的美味。

我很幸運，沒有經歷過配給麵粉的生活，仍然好奇地請教她們做麵粉粿的技巧。發現這料理實在簡易上手，蔬菜清洗後切成絲或小塊，拌著少量麵粉並略為調味後，就能入鍋煎熟。

有一次我特地不調味，改加一點鰹魚醬油，味道也不錯。有了心得後我開始做些變化，加入蝦仁、花枝，再加一點鹽，調味料加得很少，澎湃版的麵粉粿同樣廣受歡迎。

我平常就會做煎麵粉粿，加了海鮮之後，感覺就像是台式披薩，愈嚼愈香。我很提倡做這道菜，除了做法簡單，也希望大家記得曾經窮過、需要別人幫忙的日子。煎麵粉粿讓我覺得不忘本、不忘根。

份量

十五人份

食材

高麗菜	二一三克
芹菜	一〇七克
紅蘿蔔	一三四克
蝦仁	一二七克
中筋麵粉	二八〇克
水	二四〇克
鹽	兩茶匙
白胡椒粉	〇．二五茶匙

營養師的話

煎麵粉粿以麵粉為主食，沒有過度加工，同時也加入了蔬菜、少許肉類，增加食材的豐富性，對於以米飯和麵條為主食的糖尿病友來說，偶爾變化一下口感，可增加飲食樂趣。

做法

① 高麗菜洗淨，切成小塊狀，備用。
② 芹菜洗淨，去除芹菜葉，切成約〇．五公分小粒。
③ 紅蘿蔔洗淨去皮，刨絲備用。
④ 蝦仁洗淨，備用。
⑤ 將高麗菜、芹菜粒、紅蘿蔔絲、蝦仁、麵粉和水放入大鋼盆，再加入兩茶匙鹽、〇．二五茶匙白胡椒粉，用手混合均勻。
⑥ 平底鍋內抹點油，倒入鋼盆內的材料，鋪平約兩公分厚。
⑦ 開小火，蓋上鍋蓋慢慢煎。
⑧ 翻面煎好後，盛盤上桌。

備註 若平底鍋較小，可以分兩次煎。

食物分類

全穀雜糧類（份）	14.0
豆魚蛋肉類（份）	2.5
蔬菜類（份）	4.5
水果類（份）	0
乳品類（份）	0
油脂類（份）	15.0

營養分析

醣類（公克）	232.5
蛋白質（公克）	50.0
脂肪（公克）	100.0
總熱量（大卡）	2030

現在很多人的便當裡會放一顆荷包蛋，吃荷包蛋對現代人而言稀鬆平常，可是在過去的農村社會，吃雞蛋是享受。因為雞蛋可以孵出小雞，對農民而言充滿了希望，吃一顆蛋等於吃掉一整隻雞，自然不會輕易拿來吃，只有家中有人生病身體虛弱時，才會拿新鮮的蛋煎顆荷包蛋補補身體。

既是昂貴特殊的食材，雞蛋料理成了富裕人家專利，荷包蛋儼然成為精緻的、高貴的，講究一點的大戶人家有時會費心思地製作冰糖水波蛋，以此養生。

朋友小時候住鄉下，她說當年家裡有養雞，但只有雞蛋孵不出雞時才會拿來吃。這類雞蛋不免有異味，為了壓味道，朋友的媽媽煎蛋時會加一堆九層塔、芹菜等味道較強烈的蔬菜，但味道再濃，仍然壓不住淡淡的臭味。那時小孩子有蛋吃就很高興，哪還計較味道，更不管吃了會不會食物中毒。

當年的時空背景下產生了很多蛋料理，比如菜脯蛋、芹菜蛋、絲瓜煎蛋，種種以蔬菜襯托雞蛋的美味，創造出更多讓人難以忘懷的好味道。

另一方面，早年社會最容易登上桌的角色無疑是

蛋與豆腐

豆腐，那時候和現在不同，買豆腐要自備容器，店家放入豆腐時會加點水，讓豆腐完全浸泡，因為泡在水中，豆腐的口感格外柔嫩。時至今日，我每次買豆腐也如法炮製，直到烹調前才從冰箱取出。

以前的早餐以地瓜粥為大宗，豆腐成了必然的配角。嫩豆腐磨點嫩薑、淋上些許醬油，搭配稀飯就頗為美味清爽；油炸過的豆腐切片後炒肉絲、炒青菜，瞬間變成豐富佳餚。

烹調豆腐有技巧，要讓豆腐入味不能靠煮，而是要用悶的。我做油豆腐炒料時不急著馬上起鍋，反而會花個功夫蓋上鍋蓋，隨即關火，讓豆腐在鍋中緩慢吸取醬汁，片刻之後才盛盤。一個小小的動作就能成就美味。

醬｜燒｜小｜黃｜瓜｜炒｜蛋

有些人喜歡小黃瓜生鮮多汁的味道與清脆的口感，有些人不喜歡小黃瓜的生澀味，這對做菜的人來說是大困擾，如何滿足各種喜好？這道醬燒小黃瓜炒蛋能做許多調整，滿足一家老小的口腹想像。

這道料理可變化之處不少。比如，悶煮的時間長短會改變小黃瓜的味道，若是喜愛小黃瓜多汁的特色，可以縮短悶煮時間，反之，悶煮愈久，醬油與雞蛋將轉變小黃瓜的滋味，與其融合成誘人的口味。

雞蛋的數量同樣可以依照喜好增加或減少，蛋加多了滋味比較濃郁，蛋少些比較清雅，做菜的人可以隨自己心情或需求變化，不一定非得照食譜的份量做。

做這道菜要注意炒蛋的時機。要在熱鍋時加醬油才會有醬香味，然後加水悶，悶到一半時才把蛋加下去，這樣顏色較亮，賣相比較好。若炒的時候直接加蛋再加醬油，顏色會變暗，整片醬油色，看起來不夠好吃。

份量

四人份

食材

小黃瓜 四二七克
雞蛋 三顆
蒜頭末 十三克
鹽 〇·二五茶匙
油 一茶匙&一茶匙
醬油 一·五大匙
紅露酒 一大匙
水 一〇〇毫升

營養師的話

小黃瓜含水量高，屬於升糖指數相當低的食材，對於糖尿病友控制血糖的穩定性很有幫助。不要削皮的話，還能獲取更多的營養價值。小黃瓜熱量低、富含膳食纖維，不但有益於腸道蠕動，更有助於體重控制。

雞蛋是中脂優質蛋白質來源，可以提供維生素 B 群，但若是血脂較高的糖尿病友，建議每日雞蛋的攝取量為一個。

紅露酒的酒精在烹調過程中會揮發掉，香氣卻會保留下來，食用時更添風味。

做法

①小黃瓜洗淨，切除頭尾，切成薄片。
②打蛋，同時加入〇．二五茶匙鹽巴調味。
③炒鍋內先加一茶匙油，然後開火。
④油熱後，將蛋液打入鍋中，以中火炒成碎蛋，盛出備用。
⑤鍋子不用洗，冷鍋中加入一茶匙油，放入蒜頭末，再開中火將蒜末爆香。
⑥放入切好的小黃瓜，改以大火拌炒。
⑦維持大火，利用鍋子正熱，從鍋邊加入一．五大匙醬油，讓醬油味從鍋中嗆出，然後放入炒好的碎蛋。
⑧依序加入一大匙紅露酒、一〇〇毫升水，以中火悶煮。
⑨煮到小黃瓜軟爛入味，即可起鍋。

備註 悶煮過程要注意鍋中水分是否流失，若流失，請少量加水。

食物分類

全穀雜糧類（份）	0
豆魚蛋肉類（份）	3.0
蔬菜類（份）	4.4
油脂類（份）	2.0
水果類（份）	0
乳品類（份）	0

營養分析

醣類（公克）	22.0
蛋白質（公克）	25.4
脂肪（公克）	25.0
總熱量（大卡）	415

絲瓜煎蛋

早年很多人家會在庭院搭棚架種絲瓜，入夜後大夥兒一起坐在瓜棚下乘涼、聊天，是很簡單又滿足的生活日常，瓜棚則盛載了許多記憶，聆聽了許多絮語。

絲瓜長得快，就近採收後做成餐桌上的絲瓜料理，非常方便。加蝦米煮成絲瓜粥、絲瓜湯；切薄片悶炒；切滾刀塊再加點蝦皮同煮則增添一絲海味。切成薄片或切塊狀，做出來的絲瓜料理口感完全不同。

夏天吃絲瓜十分沁涼，有位長輩長年務農，天天在太陽下工作，深信絲瓜可以退火，每天吃兩條絲瓜是他的養生祕訣。確實，絲瓜富含水分與膳食纖維，是很好的營養攝取來源。

在當年的農村家庭，因為使用新鮮的雞蛋，絲瓜煎蛋是一道大菜，做法則有兩種，一種是乾煎法，一種是溼浸法。

乾煎法是將絲瓜片煮熟、瀝乾，打個蛋加入絲瓜一起煎，吃起來很滑潤；溼浸法是絲瓜切薄片後，打個蛋，開小火一起煎，這時絲瓜水會流入鍋內，等絲瓜熟了，蛋也熟了，又因為絲瓜會出水，所以蛋是溼潤的，還會有一點湯汁。

絲瓜煮得很爛或不爛，沒有孰是孰非，只有做出來的絲瓜煎蛋口感不一樣。一道絲瓜煎蛋就有這麼多變化，十分有趣，大家可隨個人喜愛做變化，找到心中最喜歡的一款。

這道傳統的台式鄉野菜色極為誘人，利用極少的調味料帶出天然食材的鮮甜滋味，絲瓜煎蛋質地軟嫩，入口滿是蛋香，絲瓜也帶來消暑氣息。

份量

四人份

食材

絲瓜　五〇四克
雞蛋　三顆
鹽　〇·二五大匙
白胡椒粉　兩克
油　一·五大匙

營養師的話

絲瓜的水分量高，熱量相對低，對於需要控制體重的糖尿病友來說是一種非常好的食材，其內含的多種微量礦物質與磷苷皂、苦味素等成分，對於血壓與血糖的控制也具有相當的幫助。

這道菜巧妙利用天然食材的風味來減少調味料的使用，而在煮爛瀝乾去除絲瓜中過量的鉀離子之後，也變得適合腎臟功能不佳的糖尿病友食用。

絲瓜煎蛋的質地較軟、富含纖維與蛋白質，也很適合牙口不好者補充營養。

做法（乾煎法）

①絲瓜洗淨去皮，切成〇．七～一公分的薄片。
②鍋中加水煮滾，將絲瓜片放入滾水中煮軟爛後，撈起沖涼，瀝乾備用（絲瓜沖水降溫是避免多餘熱度讓蛋液熟化）。
③雞蛋在碗中打散，同時加入鹽和白胡椒粉調味。
④取一平底鍋，先下一．五大匙油，待油熱後，先倒入打勻的蛋液，然後再放入處理好的絲瓜。
⑤加蓋，用小火雙面慢煎，完成。

營養分析

醣類（公克）	25.2
蛋白質（公克）	26.0
脂肪（公克）	15.0
總熱量（大卡）	351

食物分類

全穀雜糧類（份）	0
豆魚蛋肉類（份）	3.0
蔬菜類（份）	5.0
油脂類（份）	0
水果類（份）	0
乳品類（份）	0

芹｜菜｜葉｜煎｜蛋

小時候看奶媽婆婆買回芹菜，葉子捏掉後往往捨不得丟，碎碎念「能吃的東西丟了真是暴殄天物」。只見她捏下芹菜葉，先把芹菜葉洗乾淨，放在蔭涼處蔭乾，煮晚餐前再將一把芹菜葉握在手中，另一手拿刀子，無需計較方寸大小，刀起刀落，三兩下就把芹菜葉切細。接著打個蛋和芹菜葉拌勻，倒入鍋內做成芹菜葉煎蛋。煎蛋過程中，芹菜香味四溢，趁熱吃很是美味。

把捏下來的芹菜葉稍做變化即成驚喜，晚餐桌上就多了一道芹菜葉煎蛋，算是加菜。整根芹菜一點都沒浪費之外，也為煎蛋料理帶來了新變化。

奶媽婆婆說這道菜來自農村，早年因為蛋貴，能夠拿來自家享用的雞蛋品質其實都不算好，時常有怪味。由於資源不充裕，難得的食材當然要好好愛惜，主婦便動用巧思，利用味道濃郁的芹菜葉壓制雞蛋的怪味，效果極好，甚至多了芹菜香。

我小時候新鮮雞蛋不再如此難得，懷舊的奶媽婆婆再次做起這老滋味，嚐起來格外好吃。些許鹹香中帶著蛋香與芹菜氣息，蛋香巧妙的烘托讓芹菜特殊的激烈氣味變得分外柔和，極為開胃，我想連不愛吃芹菜的人都會臣服於其美味之下。

份量
五人份

食材
芹菜葉　五十五克
雞蛋　五顆
鹽　〇．二五茶匙
油　一大匙

營養師的話

芹菜含有豐富的鈣、磷、鐵、鉀和維生素C、B、葉酸等物質，而芹菜葉的營養價值甚至更勝於莖。

將芹菜葉切碎混合蛋液煎熟的烹調手法，既掩蓋了芹菜葉的苦味，又吃得到芹菜葉豐富的營養素，以補充蔬菜類的膳食營養層面來說，無疑是一道簡單又營養的選擇。

做法

① 芹菜洗淨，將芹菜葉剝下。
② 芹菜葉用手捲成整坨後切細碎。
③ 打蛋入碗公中，加入〇．二五茶匙的鹽打散。
④ 細碎芹菜放入碗公內，把蛋與碎芹菜葉打勻。
⑤ 炒鍋加入一大匙油，開中火。
⑥ 待油鍋熱後，倒入芹菜蛋液。
⑦ 蛋液入鍋後先不要動作，使蛋液凝固。
⑧ 轉小火並蓋上鍋蓋，緩緩煎熟。
⑨ 關火後掀蓋，但不要急著起鍋。用鍋鏟輕壓蛋，利用鍋子的餘熱使中間的蛋液更凝固。隨後盛盤上桌。

營養分析

醣類（公克）	0
蛋白質（公克）	38.85
脂肪（公克）	42.75
總熱量（大卡）	540.15

食物分類

全穀雜糧類（份）	0
豆魚蛋肉類（份）	5.55
蔬菜類（份）	0
水果類（份）	0
乳品類（份）	0
油脂類（份）	3.0

紅蘿蔔絲炒蛋

紅蘿蔔絲炒蛋是往昔飯桌仔的常備菜餚之一。早年通常只在秋冬農閒之際才辦桌，總鋪師不見得天天有工作，就在沒辦桌的空檔出來開個攤位，做幾道菜配上美味的肉臊飯，讓想打牙祭的人平日就能吃到總鋪師做的菜。

飯桌仔賣的菜和辦桌的菜不盡相同，除了無法賣太貴，還得貼近庶民生活，味道也要好，因此得以技巧取勝。同樣的食材，家庭主婦做不出來，飯桌仔的老闆做出來不同凡響，這就是飯桌仔的任務。

紅蘿蔔絲炒蛋看起來容易，其實有幾個小祕訣。

首先，不能用太多蛋，蛋加多了會抑制紅蘿蔔的甜味，比例很重要，炒蛋只是配角。

其次，打蛋時要加一點水在蛋汁裡，蛋也要炒得碎一點，但又不能太碎，這樣才能炒出滑潤細碎的炒蛋，組合起來才會和諧。若是口感乾硬，配上軟嫩的紅蘿蔔絲會變得突兀不順口。

此外，紅蘿蔔絲要加蒜頭爆香。蒜頭的量要夠可是不能超過太多，以免喧賓奪主，蒜頭味似有若無，功用在於提味。

最後，紅蘿蔔絲炒蛋主要靠悶煮，等紅蘿蔔差不多半熟時才加入炒好的蛋。這樣兩種食材都不會被炒得過老。

調味時除了加少量鹽，適當添加些許白胡椒粉是我的法寶，可以增加口味的渾厚度。

這道菜做起來不容易失敗，不喜歡吃蔬菜的小孩也很愛，連喜歡甜滋味的人都會迷上它。但千萬別擔心，做這菜完全不需要用到糖，甜味全部來自紅蘿蔔的天然香甜。

份量
三人份

食材
紅蘿蔔　一七五克
雞蛋　兩顆
蒜頭末　五克
鹽　〇・二五茶匙＆半茶匙
油　一大匙＆〇・二五茶匙
水　一五〇毫升
白胡椒粉　〇・二五茶匙

營養師的話

雞蛋含有優質蛋白質、維生素 D 和卵磷脂，是幫助孩童生長發育、協助長輩增肌的優質蛋白質食物。

紅蘿蔔由於外觀是根莖類的植物，常被誤認是富含澱粉類的食材，事實上紅蘿蔔屬於蔬菜類，熱量不高又富有膳食纖維，對於糖尿病友控制體重很有幫助。此外，紅蘿蔔還有胡蘿蔔素和茄紅素，對於血糖調控同樣大有益處。多吃紅蘿蔔也有益於人體免疫系統的正常運作和維持正常視力。

雖然生吃紅蘿蔔的營養價值較高，但特殊的味道讓很多人望之卻步，這道紅蘿蔔絲炒蛋將增加大家對於紅蘿蔔的接受度。

做法

①紅蘿蔔洗淨去皮，刨絲備用。
②蛋打入大碗中，並加入〇．二五茶匙鹽，均勻打散。
③炒鍋中加入一大匙油後，轉大火。
④待油熱後，將蛋液倒入鍋中，炒成蓬鬆的碎蛋，盛出備用。
⑤不洗鍋，倒入〇．二五茶匙油，放入蒜末爆香一下。
⑥加入紅蘿蔔絲、一五〇毫升水拌炒。
⑦接著加入〇．二五茶匙白胡椒粉、半茶匙鹽調味，蓋上鍋蓋，悶煮至湯汁紅橙色（溶出胡蘿蔔素）後，掀蓋，放入碎蛋略為翻炒，蓋上鍋蓋續悶。
⑧起鍋盛盤，湯汁勿盛。

營養分析	
醣類（公克）	8.75
蛋白質（公克）	15.75
脂肪（公克）	26.25
總熱量（大卡）	334.25

食物分類	
全穀雜糧類（份）	0
豆魚蛋肉類（份）	2.0
蔬菜類（份）	1.75
水果類（份）	0
乳品類（份）	0
油脂類（份）	3.25

燒豆腐

我的美食啟蒙老師三舅是位豆腐控，每天餐桌上一定要有豆腐料理，而且烹調方式一定要非常到位。

平常我在家裡不喜歡吃豆腐，可是三舅太酷愛豆腐了，任何豆腐料理都研究得十分透徹，他做的燒豆腐簡單又迷人，豆腐下鍋之後如何熗、如何悶，統統有講究。每次燒豆腐準備放蔥時，他都會大喊「重點來了！重點來了！」，只因蔥若悶太久原味削弱，不足則味過強，時間拿捏格外重要。

這道菜在奶媽婆婆手上則會先煎過，其實也不難吃，煎過的豆腐有些脆脆的口感，剛好投爸爸所好。但三舅的燒豆腐擄獲了我的心，我喜歡沒煎過的，吃得到豆腐的嫩。

美食家三舅對吃從不妥協，而他可不是光說不練的人，喜歡下廚做菜，最喜歡和我「四手聯彈」。說四手聯彈是給我面子，我充其量只是小助手，卻樂得和三舅玩真實版的家家酒遊戲。現在想起來，他其實是極為費心的教我各種烹飪技巧。我也從三舅身上發現，做菜是一種遊戲、一門藝術，一塊豆腐就那麼簡單，盛盤後卻那麼漂亮、那麼美味。

這道燒豆腐中的豆腐入味靠悶煮和泡，泡愈久愈入味。整個悶煮過程約十五分鐘，即可讓板豆腐完全入味。製作過程以冷鍋下食材，過程中盡量減少翻動，避免豆腐破損，只要讓調味料與食材原味完全沁入豆腐中，就是一道有滋有味的豆腐料理。

份量
四人份

食材
板豆腐　四小塊（七七四克）
蔥段　二十二克
辣椒片　兩克
醬油　兩大匙
香油　一大匙
水　二八〇毫升

營養師的話

豆腐由黃豆製成，屬於豆魚肉蛋類的優質蛋白質來源之一，在製備過程中也會流失原本含有的碳水化合物，因此對於糖尿病友控制血糖與降低膽固醇上是有幫助的。

做法

① 先將板豆腐放入鍋中，並且加入二八〇毫升水、兩大匙醬油。
② 開小火，待水滾時蓋上鍋蓋，開始悶煮。
③ 豆腐上色後，放二、三片辣椒和一大匙香油，繼續蓋上鍋蓋悶煮。
④ 放入蔥段略悶，隨即開蓋，盛盤上桌。

營養分析

醣類（公克）	0
蛋白質（公克）	67.7
脂肪（公克）	63.4
總熱量（大卡）	860.6

食物分類

全穀雜糧類（份）	0
豆魚蛋肉類（份）	9.7
蔬菜類（份）	0
油脂類（份）	3.0
水果類（份）	0
乳品類（份）	0

醬燒板豆腐

醬燒板豆腐不如說是醬悶板豆腐。很多人不喜歡做或不喜歡吃豆腐料理，主要是豆腐很難入味，常讓人感嘆滷了半天好像白費功夫。豆腐要入味可不是光靠滷，而是滷完之後靠泡的，泡得愈久愈入味。

我爸爸最愛把豆腐先煎過再紅燒。他會做一道乾煎豆腐，將板豆腐兩面抹鹽後下鍋煎，但小孩們嫌單調不喜歡吃，爸爸做的菜份量又比較多，最後常得透過奶媽婆婆的巧手「舊菜新吃」改成醬燒板豆腐，反倒成了小孩的最愛。

醬燒板豆腐到了三舅家又是一變。三舅說外公的飲食喜好是不愛油膩，認為這道菜該品味嫩豆腐的口感，所以醬燒板豆腐不煎，但沒煎過的豆腐比較脆弱，豆腐要不弄破得看廚師的功力。

某次三舅讓我掌廚做醬燒板豆腐，我不停翻炒，結果豆腐都炒碎了，表哥、表姊笑說是「醬燒碎豆腐」。三舅教我，做這道菜的祕訣是篤定，不能急躁，鏟子不要亂翻才不會弄破豆腐。將配料爆香、醬汁燒製完成後，輕柔放入板豆腐，然後靜下心蓋上鍋蓋，以小火慢悶，讓醬汁沁入豆腐中，把一切交給時間與慢火，便能絲毫不費力地換得美味上桌。

依健康的角度，我覺得醬燒板豆腐不要煎，因為板豆腐本身比其他豆腐硬一點，煎過反倒顯得油膩些，對健康的負擔也較重。醬燒板豆腐可以單獨用豆腐醬燒，加了洋蔥和其他蔬菜同燒入味的話，則會讓滋味更加繽紛。

份量
三人份

食材

板豆腐 四七八克
洋蔥 八十七克
紅蘿蔔 二十五克
蔥 一支（約三十克）
醬油 一大匙
水 一五〇毫升
油 一茶匙

營養師的話

板豆腐為優質植物性蛋白質，不含飽和性脂肪。若為血脂異常或慢性腎臟疾病者，板豆腐可提供優質蛋白質來源，也不會影響痛風的發作。對於有高血脂或腎功能異常的糖尿病友來說，板豆腐無疑是很好的食材。

做法

①將豆腐切成三×五×〇．七公分的薄片。

②洋蔥洗淨切成丁狀、紅蘿蔔洗淨切成小片、蔥洗淨後切成段狀，備用。

③炒鍋開大火，加入一茶匙油，先將洋蔥爆香。

④加入紅蘿蔔片、一大匙醬油、一五〇毫升水。

⑤放入切好的板豆腐（豆腐平擺，使之浸泡醬汁），轉小火後蓋上鍋蓋。

⑥悶約三分鐘後，將鍋中的板豆腐翻面，繼續悶煮。

⑦加入蔥段，略煮後熄火，續悶十分鐘，即可上桌。

食物分類

全穀雜糧類（份）	0
豆魚蛋肉類（份）	6.0
蔬菜類（份）	1.4
油脂類（份）	1.0
水果類（份）	0
乳品類（份）	0

營養分析

醣類（公克）	7.0
蛋白質（公克）	43.4
脂肪（公克）	23.0
總熱量（大卡）	408.6

油豆腐炒肉

油豆腐炒肉這道菜是奶媽婆婆為了提升我妹妹的食欲做的。

當年妹妹極度偏食，絕對不吃豆腐料理，胃口又不好。奶媽婆婆常說，孩子挑食就是考驗大人的智慧，喜歡以做菜來征服人的她便想出這道菜來挑動妹妹的味蕾。

奶媽婆婆用油豆腐取代嫩豆腐，油豆腐的優勢在於質地較硬，用來炒肉不怕破得細碎。小孩子不喜歡蔥的辛辣味，奶媽婆婆倒不擔心，因為她對蔥很挑剔，品質不好就不買，買回來的蔥每一根都很飽滿，加上她運用烹飪技巧，讓蔥的滋味顯得特別合理。肉得先醃過，肉和蔥一起炒時則添加祕密武器紅露酒。醬香因為紅露酒而顯得深遠繚繞，蔥味又將整道菜提升到另一境界，入口滋味繽紛，豆腐吸滿鹹中帶甘的醬汁，蔥段自帶甘甜。

這道菜盛盤後濃郁芬芳，妹妹起初舀湯汁拌飯，吃到肉覺得味濃好吃，夾了豆腐也驚訝十足入味，大家鼓勵她吃蔥白，香甜的蔥段讓這道菜自此成為妹妹的愛。

這道菜的調味料用量其實不多。用紅露酒加厚醬燒的厚度，醬油用量自然降低；醃肉時用少量鹽與米酒入味，減少後續的調味需求；中途加水不僅易於拌炒，也取代了油的用量，讓口感更清爽；最後才加入的蔥段既提供了甘甜，也降低了糖的用量。眾多巧思之下，這道菜豐足濃郁，調味料用量卻大幅降低，既滿足口腹之欲，也減少了身體的負擔。

份量

五人份

食材

肉片	一五〇克
油豆腐	二一一克
蔥	十五克
蒜頭末	十六克
米酒	半大匙
鹽	〇.二五茶匙
油	一大匙
紅露酒	一大匙
醬油	半大匙
糖	一茶匙
水	三〇毫升

營養師的話

油豆腐由傳統豆腐經過油炸後而成，外觀金黃酥脆，不易碎裂，因為油炸過的關係，熱量較高，調理時請依照食譜比例烹煮，對糖尿病友的身體負擔比較小。

這一道蛋白質豐富的料理除了透過蔥與蒜來增加味道，紅露酒和米酒也增添了許多風味，能夠幫助體力較差或食欲不佳的糖尿病友身體。

做法

①油豆腐切片。
②蔥洗淨後去除頭尾，切成段狀。
③肉片加入半大匙米酒、〇·二五茶匙鹽，用手搓揉入味。
④炒鍋內加入一大匙油，放入蒜頭末爆香。
⑤放入醃製好的肉片，同時淋上一大匙紅露酒。
⑥炒至肉熟，加入油豆腐片續炒。
⑦加入半大匙醬油、一茶匙糖調味，再加入約三〇毫升的水，繼續拌炒使油豆腐入味。
⑧最後加入蔥段，略為拌炒後即可起鍋。

食物分類

全穀雜糧類（份）	0
豆魚蛋肉類（份）	8.1
蔬菜類（份）	0.3
油脂類（份）	1.0
水果類（份）	0
乳品類（份）	0

營養分析

醣類（公克）	6.5
蛋白質（公克）	57.0
脂肪（公克）	45.5
總熱量（大卡）	664

台灣產糖，糖的外銷曾經撐起台灣早年的經濟。由於盛產，先民的日常生活中延伸出許多甜品，但別誤以為糖的取得因此非常容易，古早味料理都甜得膩口。即便盛產，在舊時代，糖依舊是高價奢侈品。如是之故，精緻甜食固然是富裕人家的奢華享受，但過往甜品的甜度並不會過高。

現代的經濟環境與早年相比富裕許多，糖的取得不再困難，因為取得便捷，有些人的甜品觀念變成了「要甜得很深、很濃，糖要加很多」。的確，如此的甜味感受相當強烈，可以留下深刻記憶，但若用此邏輯詮釋甜食，何不直接吃砂糖！無意中也扼殺了感受繽紛甜味的可能性。

攤開古早味的甜食會發現，那絕非膩口死甜，而是有的淡雅、有的深沉，甜得婉約柔和，甜得合理。

又有人說台南人喜歡吃甜，其實在舊時代，很多販售點心、小吃的攤販都會在攤上放一個茶壺，那其實是一壺煮過的甘草水，老師傅們用甘草水添加在菜色裡，以此增添甜味，過去台南人愛吃的是甘草味的「甘味」，而不是甜膩膩的「甜味」。

後來很多人不懂老師傅的「壺裡乾坤」，以為只

甜品

炮製。隨著時代推演，結果台南的小吃愈來愈甜，不懂得所謂的甜同樣講求甘醇婉約，太直接的單一口味會讓人膩口且傷身。

我認為偶爾吃些甜食刺激多巴胺，給自己一份幸福感是必要的，但是攝取糖分時要考慮自己身體的承受程度，若因此而傷身就沒必要了。

過去我為公公做甜點時，經常用冰糖或蜂蜜取代果糖、蔗糖，而且巧妙控制用量，讓甜品有甜的感覺，血糖卻不至於迅速飆高，每一次也都會叮嚀公公要減少其他的糖分攝取量。

我喜歡用天然蜂蜜代替精製糖，蜂蜜的醣分比較低，又能滿足口腹之欲，不過還是要注意不能過度使用。做甜品講究溫柔又有層次，輕輕的帶點甜，不要太甜膩，更能展現甜點的風雅韻味。

蜂｜蜜｜愛｜玉

為了寫這本食譜我展開食材尋找之旅，終於找到了一款烏桕花蜜，含糖量約砂糖六分之一，由於烏桕花不結果實，所以更少了果糖。烏桕花蜜到處都有，但有些蜂蜜會摻雜其他花粉，顏色會變深，純烏桕的顏色比較淡，這款蜂蜜尾韻略帶酸味，很適合拿來做糕餅，而我利用它的尾韻酸味來做蜂蜜愛玉。

愛玉籽買來要注意兩件事，第一是用一兩愛玉籽配兩千五百毫升的水，比例抓對就不難，比例是成功的關鍵；第二是水質，由於水中不含礦物質洗不出堅硬的愛玉，最好使用含有礦物質的水，以前會用自來水或井水。若堅持使用RO逆滲透水，洗出來的愛玉軟趴趴，口感大打折扣。

每一種愛玉籽的出漿率不一，搓揉時間不一，有些凝結很快，有些慢一點，通常是五分鐘至十分鐘左右。搓揉過程中很快會感覺布袋裡的愛玉慢慢釋放出滑滑的漿，感覺不再出漿就可以停止。

這時的愛玉還沒有馬上凝結，要靜置一下，但最慢也是十分鐘，重要的是在等待凝結之前不要動它，這樣才容易凝結，千萬不要操之過急。時間到了用手摸摸看，感覺凝結後就可以放入冰箱冰鎮。

有些愛玉的特質是凝結時周邊還會出水，不用理會，要吃時再拿出來切，切大塊一點比較吃得到口感。愛玉不適合一次做太大量，很容易還原成水。

吃時酙量加些蜂蜜。蜂蜜的天然香甜包裹著愛玉，吃來十分消暑，但不建議蜂蜜用太多，甜得發膩並不美味，任何甜度都是適可而止最優雅。

份量
四人份

食材
愛玉籽　一兩
水　二五〇〇毫升

營養師的話

愛玉富含水分且不含糖，多吃能有飽足感，對於糖尿病友的體重控制來說，是一種很好的食物。

蜂蜜中含有八十％的糖分，主要組成為果糖與葡萄糖，一般都會建議糖尿病友酌量攝取。

果糖攝取過多與脂肪肝的發生有關，烏桕蜂蜜因為蜜源的關係，內含的果糖不高，大部分都是葡萄糖，因此若與一般蜂蜜比較，烏桕蜜對於脂肪肝患者來說相對有益。

市面上許多食品往往以人工甜味劑取代天然果糖與葡萄糖，但這對於身體是否有負面影響仍然不是非常清楚，因此使用蜂蜜這類純天然的甜味，不失為明智的選擇。

做法

① 將愛玉籽放入紗布袋，布袋內留些空間並將開口處綁緊，避免愛玉籽流出。

② 取一鋼盆，內放二五〇〇毫升的水。

③ 將裝有愛玉籽的布袋放入水中，開始搓揉。每一款愛玉品種不同，搓揉時間所需不一，大約三至五分鐘即可搓出愛玉漿。

④ 待愛玉漿搓完以後，將包有愛玉籽的布袋擠乾。

⑤ 讓鋼盆內的愛玉漿靜置，不要移動，約莫十分鐘後就能成形。

⑥ 如果喜歡冰涼口感，可放入冰箱冰鎮。

⑦ 食用時，以刀子將成形的愛玉切塊，放入碗中，淋上適量蜂蜜（兩茶匙）。

營養分析	
醣類（公克）	48.0
蛋白質（公克）	0
脂肪（公克）	0
糖（公克）	12.0
總熱量（大卡）	0

食物分類	
全穀雜糧類（份）	0
豆魚蛋肉類（份）	0
蔬菜類（份）	0
油脂類（份）	0
水果類（份）	0
乳品類（份）	0

※營養分析中的醣類計算，是使用食譜的比例來計算，每份使用十五公克蜂蜜，約兩茶匙。

銀｜耳｜湯

銀耳湯是夏天最應景的甜品，繽紛、清雅，吃一碗暑氣全消。

過去認為銀耳潤肺、蓮子消暑、紅棗枸杞能夠補氣明目，一碗既美味又能食補，自然深受歡迎，只是舊時代裡這些食材並非便宜易得，因此是富裕人家的養生甜品，好好料理也成了最重要的工事。

煮銀耳湯很容易，唯一需要費心思考的是白木耳的口感拿捏。為了因應每個人的口感喜好，想吃口感較脆的，不要煮太久，十五分鐘即可；喜歡口感軟綿綿就煮二十五分鐘，再加蓋子悶個十分鐘。

如果不想自己煮蓮子，可以到菜市場買煮好的蓮子。不過市場的蓮子通常都蜜得太甜，糖加太多，必須斟酌自己的需求使用。我的做法是一次多煮一些蓮子，冰糖放少一點，煮好後撈起蓮子分裝數袋放冰箱冷凍，要用時再拿出來。

蓮子撈出來後剩下的蓮子湯可以當成飲料喝掉，這是掌廚者的個人福利，做菜不要太嚴肅，用辦家家酒的方式來做，一點都不沉重，反倒會發現許多樂趣。

甜湯使用冰糖而非紅糖是為了追求溫潤的甜，不求死甜。當然，冰糖的用量同樣應適可而止，過度反而吃不到食材的滋味。

吃冷、吃熱，銀耳湯各有不同滋味。過往要吃冰涼的銀耳湯，得盛一碗放在桶內，垂吊至井水中冰鎮，現在科技發達，冰箱冰鎮、瓦斯爐一開，吃冷吃熱自在轉換。

份量
四人份

食材

乾銀耳（白木耳）	兩朵
蓮子	二〇顆
紅棗	八顆
枸杞	約十五克
冰糖	三大匙
水	一四〇〇毫升

營養師的話

銀耳屬於蔬菜類，富含水溶性纖維，飽足感滿滿，是一種低熱量聖品。

紅棗、枸杞是藥食同源食物，可健脾益胃、養肝補氣活血，以營養學角度看均屬水果類，營養成分以醣類最高（約占六十～八十％），其餘含植物多酚具抗氧化作用。控糖飲食時，若攝取量多，應該計算在醣類食物中。

冰糖為精製糖，可計算在控糖範圍內食用，建議適量添加，對於糖尿病友的身體負擔較輕。

做法

①乾銀耳泡水約三十分鐘後，用手撕成小朵，備用。
②用剪刀將紅棗剪數個切口。
③鍋中倒入一四〇〇毫升的水，放入冰糖，開火滾煮。
④放入蓮子、紅棗、枸杞續煮。
⑤待蓮子煮至八分熟時，加入銀耳，並且續煮約二十分鐘，完成。

營養分析

醣類(公克)	90.0
蛋白質(公克)	0
脂肪(公克)	0
糖(公克)	45.0
總熱量(大卡)	360

食物分類

全穀雜糧類(份)	1.0
豆魚蛋肉類(份)	0
蔬菜類(份)	0
油脂類(份)	0
水果類(份)	2.0
乳品類(份)	0

後語

讓老祖先的做菜方式走進日常生活

小時候我家後門外有間廟宇，每次有慶典就會請辦桌師傅在廟埕擺宴席宴請賓客。一看到工作人員忙著擺桌、整理環境，我就會從後門偷溜出去，看著辦桌師傅忙碌切菜，像八爪章魚似地蒸、煮、炸、燴地準備，直等到要出菜了、知道「辦桌遊戲」結束了，這才滿足地回家吃飯。家人都知道我在玩什麼把戲，遇到廟埕有喜慶辦桌，幫傭都很清楚黃昏要去哪裡找我回家洗澡。

那時候的總鋪師很友善，看到一個小女孩長時間站著看還會和我聊天，偶爾也分享做菜技巧。剛開始聽不懂，卻把話牢牢記住了，後來長大些開始做菜時，想到總鋪師的話自然就融會貫通，對我的學習之路有很大的幫助。

我小時候也喜歡玩辦家家酒遊戲，但十一歲就無法滿足於玩具式的家家酒，疼我的爸爸看我愛做菜，乾脆買了含有烤箱的進口瓦斯爐送我。那時我的個子不高，拿張板凳墊著就站在板凳上炒菜，模樣雖然有點狼狽，卻是樂此不疲。

還記得我第一次做的是炸甜甜圈。那天三舅聽說我要做菜，特地跑來參觀，大家看我一點都不怕被油濺到輕鬆炸著甜甜圈，都認為我天生就是玩做菜遊戲的人。

小時候「藝不高，人膽大」，一回做烤鴨，不善刀工的我將自己的大姆指剁了一個大傷口，到醫院縫了好幾針，家人以為我應該封爐不做了，沒想到傷口好了之後，我完全不怕地又回到廚房做菜，出乎大家意料。

除了做菜，小時候我不喜歡其他才藝。每逢星期六放學都是使勁跑回家，家中司機再飛快開車載我到菜市場，搶在收攤前採購需要的食材，回家後先快速做完功課，晚上哥哥們在客廳看電視，我就獨自在廚房挑燈夜戰備料。

那時我年紀小，做菜沒什麼邏輯，通常要忙到星期天下午三點前才備完料，開始站在板凳上做起菜，到了晚上，舅舅和阿姨會來驗收我的成果，那種成就感非同小可。有一次，我被向來敬畏的大哥惹惱，竟放話不讓大哥吃我做的菜，雖然當年我的年紀小，能做的菜不多，餐桌上還有其他菜餚，可是這個「處分」滿足了我的虛榮感，也讓我認為自己很有成就。

從每個星期只能做一道菜慢慢增加，國三時我已能辦出一桌宴席招待爸爸的國外客戶，讓他引以為榮，「家族裡終於出了一個很會做菜的人！」

◇ ◇ ◇

回想起來，前述食譜中提到的「多元化食材搭配」觀念，應該啟蒙於小時候奶媽婆婆到我家掌廚的時期。

當年政府實施三七五減租後，家廚紛紛打包返鄉，大家族也散居各處成為小家庭。那時我家請來的幫傭手藝不佳，炒青菜或小白菜頂多放幾根薑絲就上桌，青菜炒得爛爛的，一點都不青翠，肉類料理只會加個白煮蛋一起滷，餐桌的菜餚貧乏得令人搖頭。畢竟幫傭過去在自己家裡做菜時本來就沒什麼想法，遇到農忙時沒時間料理三餐，一切自然以簡單為主，更談不上什麼烹調技巧。

這種清淡料理吃久了，連爸爸媽媽都受不了，最後專程把奶媽婆婆找回來指導幫傭做菜。奶媽婆婆告訴幫傭，食材取得不易，做菜要尊重食材，懂得變化，要做到大家喜歡吃、快樂吃，讓飲食變成生活中的美妙樂章。她帶幫傭到市場買菜，教導幫傭買第一道菜時，腦筋就要想著等一下要配什麼菜。比如紅蘿蔔是最好的配菜角色之一，「紅蘿蔔會甜，黑木耳會脆，蝦米、蝦皮會香又帶有鹹味，把這些原則記起來就很好發揮了。」

奶媽婆婆又舉例，炒小白菜時若只是把小白菜切成四公分長，下鍋爆薑絲，炒得老老的，就沒人吃，不如改個方法，把小白菜切成細細的一公分長，先在鍋裡爆蒜頭，加點蝦皮快炒一下，再加肉絲續炒，等肉絲爆熟了，倒進小白菜快炒幾下，加點鹽和水後快快起鍋，這道小白菜炒肉絲在餐桌上一下子就會被吃光光。

奶媽婆婆也告訴我，以前她在外公家幫忙時，炒一道菜常常會添加兩、三樣元素一起炒，讓整道菜變得繽紛，而且她還發現一件奇妙的事：鹽要減量，絕對不是因為食材變得更多樣得加更多的鹽。每種食材都有自己的味道，炒菜時若是加了肉絲、蝦皮，卻使用單單炒菜的鹽量，炒出來的菜就會變得太鹹。這種時候，鹽反而要減量、油不要多，最後再加點水即可。相較之下，單炒小白菜反而必須加多一點的鹽。

奶媽婆婆說，早年社會經濟不好，油比較貴，主婦炒菜會節省用油，即使是富裕的阿舍家也不會加太多油去炒菜，而且如果油用得多，吃了容易有飽足感，大家就吃得少，吃得少會顯得廚師的功力不夠，所以用加水方式取代加油，等於是變相養生。

奶媽婆婆上菜市場最喜歡買紅蘿蔔備用，因為紅蘿蔔有甜味。我妹妹小時候食欲差，又挑嘴，奶媽婆婆認為小孩子在成長階段一定要有紅蘿蔔才夠營養，所以會打顆蛋煎碎後盛盤放到一旁，再拍蒜頭爆香，加入刨好的紅蘿蔔絲，再加點水和碎蛋一起悶，如此做出來的紅蘿蔔絲炒蛋味道甜甜的，很好入口。

她常用紅蘿蔔絲炒蛋拌飯餵妹妹，美好的味道瞬間擄獲了妹妹，後來妹妹認為拌飯不過癮，乾脆整盤紅蘿蔔絲炒蛋拿來吃，食欲也跟著變好了。小犬小時候同樣食欲欠佳，我父親想到妹妹小時候的經驗，要我如法炮製，果然奏效。時至今日，這道菜仍是小犬的最愛。

奶媽婆婆很長壽，她認為老台菜其實都很養生，經常告誡我們「不要亂吃」。小時候想吃麵包，只被准許吃吐司加果醬或奶油，台式麵包最多只能吃菠蘿麵包，其他奶酥、克林姆都不准吃。在奶媽婆婆的飲食管理之下，我們吃得比較健康，也幸好她生在過去的年代，否則面對現今添加物的增加，可能不知道該如何面對！

◇ ◇ ◇

奶媽婆婆常說「既然要做菜，那就做道大家喜歡的好菜」，因為她小時候家裡經濟不好，但她的母親不想因此讓大家吃得太簡單，連地瓜籤都會做成甜湯，希望勾起家人的食欲，住家前庭種著青菜，想吃什麼就想辦法搭配變化，雖然沒有大魚大肉，但買幾毛錢的肉加在青菜裡就變成有菜、有肉的美食犒賞家人，又因家住海邊，曝晒的魚乾吃不完就切成細丁，先爆紅蔥頭炒豆芽加上魚乾粒，就變成可口的佳餚。

奶媽婆婆說，因為母親的用心，雖然當年家窮，但沒有因此而失去美食，後來進入我外公家幫忙又學會了炒菜加入黃酒增添美味的技巧，讓她做的菜更受歡迎。

奶媽婆婆到我家幫忙這段時間，經常帶我到菜市場買菜，沿路不斷教我這個食材可以配什麼食材、哪個食材可以怎麼配、剩下的材料又可以和什麼樣的東西搭配。奶媽婆婆的選菜組合非常繽紛，也常讓我勾勒出很多想法，甚至盤算回家該從哪幾道菜整理起。

小時候的我總愛黏著奶媽婆婆，樂於當小

幫手，看她從菜籃裡拿出買回來的菜，分門別類擺在桌上，逐一整理完後放入盤內，直到開火前才從容不迫，乾淨俐落地煮出一道又一道的菜，餐桌上沒多久擺滿了好幾道佳餚。大家吃得盤底朝天，讚不絕口時，她的臉上會散發出亮麗的光澤，這是她的成就。

奶媽婆婆總是想不通為什麼有些主婦哀怨「自己的命不好，天天要為一家人煮菜」，她認為做菜是開心的事，很高興我父親請她到家裡來幫忙。因為她做菜變化多，全家人都喜歡吃，父親經常說，多虧家裡有奶媽婆婆，讓每一餐都成了期待。

◇ ◇ ◇

我同樣喜歡做菜，每次做菜就好似和不同的食材呢喃訴說、互動，覺得食材在我手上神奇地化為道道美味，做菜是一種挑戰也是一種藝術，做完菜會有一種滿足的感覺。

也因為喜歡做菜，其他沒有考慮太多，有一次外子竟然抗議「餐桌上不要再道道大菜了，來點家常菜吧」。我在錯愕的思考後有種感觸，原來生活本來就是在平凡中獲得快樂，偶爾的大菜是生命中的火花，若天天煙火燦爛，久了也會膩，平凡是一種美，也才是生活的真實面。

本書中介紹的菜餚不見得都是老食材，但製作時同樣融入了老技法。好比鴻喜菇炒肉片若以紅露酒取代米酒，就會變得非常美味。

加入紅露酒的做法我小時候經常看到，但現在大家都用米酒取代，忘了加黃酒也能拉出另一番滋味。我同樣是某次偶然機會勾起了小時候做菜時加紅露酒的念頭，才打開了塵封已久的記憶。在廚房裡用紅露酒為菜餚添加滋味成了我的美味祕訣，現在我的廚房裡少不了紅露酒，也少不了米酒，想不到舊記憶能喚回美味。

常聽家庭主婦抱怨「每天做菜到最後都不知道要準備什麼菜了」，我便思索如何讓主婦成為魔法師，在廚房中從容變出讓家人驚豔的家常菜。

我過去多半是介紹老台菜中的大菜，較少寫這種簡易的家常菜，這次特地將老台菜的技法融入簡易的日常飲食中，食譜中大量使用紅露酒就是延續以前阿舍家的做法，並以多樣化的元素讓簡單的家常菜口感更繽紛，希望有更多家庭餐桌上的家常菜擁有更多變化，口味在無形中也能更上一層樓。

希望透過這本書，讓大家的餐桌變得五彩繽紛。

HONEY QUEEN
Since 1954
蜂蜜皇后
台灣頂級中段蜜
■BELLAVITA百貨頂級推薦
■食品界米其林iTQi二星獎
HONEY QUEEN
Since 1954
100%
Pure Honey
Taiwan Farm
INTERNATIONAL TASTE
2019
BRUSSELS
SUPERIOR TASTE AWARD
官方網站
Line
Facebook
-蜂蜜皇后-
·服務專線：02-2723-0191
·地址：新北市淡水區中山北路一段92
官方網站輸入「HQ1954」即可獲得專屬6折優惠

黃婉玲的減醣家常菜：56 道融入老台菜技法的減醣佳餚，輕鬆打造日日豐盛餐桌 / 黃婉玲著
. -- 初版 . -- 臺北市 : 時報文化出版企業股份有限公司 , 2024.11
272 面 ; 17 x 23 公分 . -- (Life ; 61)
ISBN 978-626-396-772-4(平裝)

1.CST: 食譜 2.CST: 臺灣

427.133 113013205

本書版稅全數捐贈東原糖尿病研究中心

LIFE 061
黃婉玲的減醣家常菜：56 道融入老台菜技法的減醣佳餚，
輕鬆打造日日豐盛餐桌

作者—黃婉玲｜協力作者—東原糖尿病研究中心｜責任編輯—陳詠瑜｜校對—聞若婷｜攝影—林永銘｜行銷企畫—林欣梅｜內頁設計—FE 工作室｜封面設計—FE 工作室｜總編輯—胡金倫｜董事長—趙政岷｜出版者—時報文化出版企業股份有限公司　一○八○一九臺北市和平西路三段二四○號三樓｜發行專線—（○二）二三○六－六八四二｜讀者服務專線—○八○○－二三一－七○五　（○二）二三○四－七一○三｜讀者服務傳真—（○二）二三○四－六八五八｜郵撥—一九三四四七二四時報文化出版公司｜信箱—一○八九九臺北華江橋郵局第九十九信箱｜時報悅讀網—http://www.readingtimes.com.tw ｜電子郵件信箱—newstudy@readingtimes.com.tw ｜時報出版愛讀者粉絲團—https://www.facebook.com/readingtimes.2 ｜法律顧問—理律法律事務所陳長文律師、李念祖律師｜印刷—華展印刷有限公司｜初版一刷—二○二四年十一月一日｜定價—新臺幣五二○元｜（缺頁或破損的書，請寄回更換）

時報文化出版公司成立於一九七五年，並於一九九九年股票上櫃公開發行，於二○○八年脫離中時集團非屬旺中，以「尊重智慧與創意的文化事業」為信念。

ISBN 978-626-396-772-4　　Printed in Taiwan